みんなが知りたい！
不思議な「カビ」のすべて
身近な微生物のヒミツがわかる

国立科学博物館 植物研究部長
細矢 剛 ●監修

Mates-Publishing

もくじ

はじめに 4

この本の使い方 8

第1章
カビの世界

のぞいてみよう調べてみようカビの世界 ..10

顕微鏡でのぞいてみよう!カビの体 12

カビはどんな生き物なの? 14

人類より長い歴史を持つカビ 16

発酵食品とカビ 18

カビと日本人の食生活 20

カビの仲間たち 22

第2章
身近な場所でカビを探そう

身近なところにいるカビ......................24

「洗濯機内」のカビに注意!
　　カビが繁殖する危険性が! 26

湿気がある「冷蔵庫内」にも、
　　油だんするとカビが発生! 27

シーズンはじめのエアコンは
　　カビが発生しがちなので注意! 28

居間も見えない場所にカビ!
　　梅雨だけでなく冬もいることが! 29

「お風呂」はカビが大好きな場所!
　　カビ対策が特に重要! 30

意外と「窓ガラス」の周辺も
　　カビが発生しやすい! 31

コラム❶カビときのこの共通点 32

道に落ちている枯れ葉は
　　どこにいくの? 34

水中にはカビがいない? 36

ミズカビは泳いで増える? 37

フンのうえに生えるカビたち 38

第3章
植物や昆虫に寄生するカビたち

黒穂病菌 42

サビ病菌 44

べと病菌(ツユカビ) 46

いもち病菌 48

昆虫に寄生する菌 50

昆虫をおそうカビ 52

カイガラムシと共生する菌 54

第4章
日常生活とカビ

コウジカビ 56

たねこうじ 57

キコウジカビ 58

クロコウジカビ 59

シロコウジカビ 60

カツオブシコウジカビ 61

ベニコウジカビ 62

クモノスカビ 63

アオカビ 64

ススカビ 66

アカカビ 67

ケカビ 68

アスペルギルス・レストリクタス 69

アカパンカビ 70

ケタマカビ 71

ツチアオカビ 72

ゲオトリクム 73

コラム❷ カビの外来種 74

第5章
カビの仲間、キノコと酵母

カビの仲間、きのこ 76

毒を持つきのこたち 79

きのこの毒と薬になるきのこ 80

カビの仲間、酵母 82

大人が大好き！
　ビールづくりに欠かせない酵母 84

パンをつくる酵母 86

コラム❸ 分解って何？ 88

第6章
身近なカビと実験してみよう

実験前に重要なことは？ 90

カビを育てよう！ 92

どうしてミカンにカビが？ 94

ルーペを使って見てみよう！ 96

顕微鏡を使って見てみよう！ 98

キコウジカビで甘酒を作ってみよう！..... 100

コラム❹
「腐生」「寄生」「共生」のつながり...... 102

第7章
カビの雑学 菌類をもっと理解しよう

カビと細菌の違いは？........................ 104

カビと発酵食品 105

ヨーロッパの食べ物とカビ 106

カビが作る高級ワインがある？........... 107

医薬品にカビが使われる!? 108

失敗から生まれた薬「ペニシリン」！...... 109

カビと健康 110

水虫はカビなの？.............................. 111

カビ毒とはなんだろう？ 112

カビ毒（マイコトキシン）はなぜ生まれるの?..113

最も強いカビ毒アフラトキシン 114

「線虫捕食菌」とは？...........................116

菌の学名 117

水生不完全菌 118

「うどんこ病菌」ってなに？....................120

植物をうどんこ病菌から守るために......121

菌と人間の長い付き合い 122

用語集 124

主な学名表 125

参考文献 126

国立科学博物館の紹介 127

はじめに

❶菌類の分類

　この本は、菌類の中でもカビに注目して紹介しています。しかし、菌類全体の分類はどうなっているのでしょう。難しいですがちょっと覗いてみましょう。

　現在、日本では約1万種の菌類が知られており、世界では約10万種が知られています。しかし、これは氷山の一角で、実際には300万種をくだらない種数が存在すると推定されています。菌類は、昆虫に次いで非常に多様な生物群なのです。未知の菌がこれだけ多いので、その分類もどんどん変わっていっています。しかし、幸い、大きな分類についてはあまり大きな変化はないようです。ここでは、教科書的な分類を紹介しましょう。

　生物の世界では、大きなグループから細かいグループに向かって界>門>綱>目>科>属>種のように分類します。「類」という言葉は、分類のランクを明示せず、グループを議論するときに使います。

　真菌類の門は、胞子の作り方によって分類されています。「カビ」や「きのこ」のような見かけの形は、分類とは関係ありません。しかし、おおまかにいうと「きのこ」（目に見える大きさの子実体）は担子菌類と子のう菌類が形成する傾向が強く、ツボカビや接合菌はほぼすべてカビと認識されます。では、担子菌や子のう菌はすべてきのこかというと、違います。子のう菌や担子菌にはカビのように増える時代もあるのです。

　ここで、菌類の胞子を見てください。胞子には「有性胞子」と「無性胞子」がありますね。「有性胞子」は、遺

伝子が混ざり合ってできる胞子です。「無性胞子」は遺伝子が混ざらず、同じ遺伝子をコピーしてできる胞子です。子のう菌や担子菌の多くは、この無性胞子(分生子といいます)をつくる時代がカビと認識されています。また、有性胞子をつくる時代であってもきのこをつくらないサビキンや黒穂菌のよ

うなものもありますし、カビのように広がるきのこだってありますので、「カビ」と「きのこ」の違いは生物学的には本質的なものではなく、見た目の違いだと思ってください。

● 真菌界

門	有性胞子	無性胞子	見た目の特徴
ツボカビ門	厚壁胞子	遊走子	泳ぐ胞子(遊走子)をつくり、菌糸の発達が悪いものも多い。すべてカビ。
接合菌門	接合胞子	胞子のう胞子	ほとんどカビ。
子のう菌門	子のう胞子	分生子	一部のきのこが含まれる。無性時代の多くはカビと認識される。
担子菌門	担子胞子	分生子	いわゆるきのこ型の菌が含まれる。無性時代の多くはカビと認識されるが、カビのようなきのこや子実体を欠くものもある。

はじめに

　かつては、前頁であげた門の他に、不完全菌門という門がありました。これは、分生子を作っているカビの時代の子のう菌や担子菌を指していることから、現在では、子のう菌類や担子菌類として扱われます。コウジカビやアオカビなどはかつては不完全菌類に分類されていましたが、現在では子のう菌類に分類されます。

　なお、最新の分類では、ツボカビと同様の遊走子を形成する新しいグループや、かつては菌類と考えられていなかったグループが追加され、複雑になっています。

　一方、偽菌類とされる生物群には卵菌門とサカゲカビ門という生物が含まれます。これらは、遊走子を形成するため、ツボカビと同様に菌類に含まれましたが、遊走子の構造がツボカビ類と異なることや細胞壁の成分が異なることなどから現在では真菌類から除外されています。

❷カビの名前の問題点

　日本に生育する植物の種にはすべて和名がついています。しかし、カビの場合、種には名前がないことも多いです。これはカビの多くは微細で目に見えないことや、一般の人がカビを名前でよぶ必要性があまりないこと、研究者は学名を使うので和名に対してあまり注意を払わない、などの理由によるものと考えられます。そのため、厳密にこの種の和名をこういう、ということが定まっておらず、多くの場合は、種ではなく、属に対する和名でひとまとめにされていることが多いのです。たとえば、「アオカビ」は「ペニシ

リウム *Penicillium* 属」という属に対して与えられており、「この種が"アオカビ"だ」という共通認識は菌類の研究者の中では得られていません。

この本の中では、本文では極力和名のみを記し、横文字で書く学名は使わないように配慮しました（巻末の一覧表参照）。そのため、一部の菌は種を指し、一部の菌は属や複数種を含む菌類のグループを指していることにご注意ください。

33ページで述べるように、子のう菌や担子菌の一部には有性時代と不完全菌類としての無性時代とで、2つの名前があることになります。たとえば、かつおぶしをつくるカビ（本書ではカツオブシコウジカビとして61ページで紹介）は、有性生殖時代ではユーロチウム・ヘリバリオールム *Eurotium herbariorum*、無性時代ではアスペルギルス・グラウクス *Aspergillus glaucus* と呼ばれます。では、どちらの名前を優先するべきでしょう。菌類の名前の付け方には守るべきルールがあり、それは「国際藻類・菌類・植物命名規約」としてまとめられています（かつては、このルールブックは「植物命名規約」として編集されていました）。分類学者は、このルールブックに従って名前を決めるのです。そして、このルールは数年に一回国際会議で改訂されています。さて、現在、このルールブックでは、多くの場合早く名前がつけられた方が優先されることになっています。*Eurotium herbariorum* は1816年、*Aspergillus glaucus* は1809年に記載されました。そのため、現在はこの菌の学名は *Aspergillus glaucus* とされています。

この本の使い方

この本は7章から構成し、以下のような内容を網羅しています。

第2章 身近な場所でカビを探そう

私たちが身近などういう場所で、どのようなカビと出合うことがあるのかを、まとめています。

第4章 日常生活とカビ

私たちの日常生活と最も関連の深いカビの種類を紹介しています。

第6章 身近なカビと実験してみよう

ルーペや顕微鏡を使ってカビの観察や実験を実際にやってみるときに、役立つ情報がまとめられています。

第1章 カビの世界

この章ではカビがどのような生物なのか、カビの世界をのぞいてみる第一歩としての情報をまとめています。

第3章 植物や昆虫に寄生するカビたち

この章では植物や昆虫に寄生して生きる菌類を紹介しています。

第5章 カビの仲間、きのこと酵母

カビと同じ菌類の仲間である、きのこと酵母がどのようなものなのかを、まとめてみました。

第7章 カビの雑学 菌類をもっと理解しよう

この章ではカビに関する雑学を集めてみました。巻末には用語集や本書でふれた主な菌類の学名表をまとめました。

第1章

カビの世界

第1章 カビの世界

こんにちは、みんな！今日は私たちの身の回りにある「カビ」の世界をのぞいてみましょう。カビはどこにでもいるけれど、あまり気にしたことがないかもしれませんね。でも、カビはとても興味深い存在なんです。カビは自然の中で大切な役割を果たしています。例えば、落ち葉や食べ物を分解してくれるのです。カビがいなかったら、私たちの世界はゴミだらけになってしまうかもしれません。

カビにはたくさんの種類があり、それぞれが違った形や色をしています。パンに生える青いカビや黒いカビなど、見たことがあるかもしれませんね。

また、カビは食べ物を腐らせてしまうこともありますが、一方で美味しいチーズや薬を作るのにも使われています。

▲アオカビをはじめさまざまなカビが食パンに発生

▲浴室などで見かけることもあるクロカビ（クラドスポリウム）

Photo by
The University of Adelaide

これから一緒に、カビの不思議な世界を探検し、どうしてカビが生えるのか、どのように役立っているのかを学んでいきましょう。みんなが身の回りでカビを見つけたとき、その正体を知ることで、もっとカビについて興味を持つことができるはずです。それでは、カビの世界をのぞいてみましょう！

顕微鏡でのぞいてみよう！カビの体

顕微鏡を使えば普段は見えない小さな世界を発見することができます。カビの不思議な形や色を、ぜひ楽しんで観察してみてください。

顕微鏡の使い方

顕微鏡は目に見えない小さなものを大きくして観察できる便利な道具です。カビや細菌のような微生物を詳しく調べるために使われます。ここでは顕微鏡の基本的な使い方を説明します。

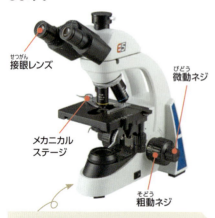

- 接眼レンズ
- 微動ネジ
- メカニカルステージ
- 粗動ネジ

生物顕微鏡

カビの微小な構造を観察するのに適しているのが生物顕微鏡。メカニカルステージが備えられているとスライドグラスを水平に移動させることができ、より観察しやすくなる

※顕微鏡により名称や使い方は多少異なります

❶顕微鏡を準備しよう

まず顕微鏡を平らで安定した場所に置きます。接眼レンズが目の高さに合う場所に置くとよいです。明るい場所が最適ですが、顕微鏡にライトがついている場合はそれを使うこともできます。次に接眼レンズ（目に当てる部分）を自分の目の幅に合わせて調整します。

❷観察するものを準備しよう

次に観察したいものをスライドガラスの上にのせます。カビの一部をピンセットでそっと取って、スライドガラスの真ん中に置きます。その上にカバーガラスを慎重にかぶせます。カバーガラスは観察するものを平らにして、ピントを合わせやすくする役割があります。

❸スライドガラスをステージに固定しよう

スライドガラスを顕微鏡のステージ（観察台）の上に置きます。そしてステージにあるクリップでスライドガラスをしっかり固定します。これによりスラ

イドガラスが動かず、ピントが合わせやすくなります。

❹ピントを合わせよう
次に接眼レンズをのぞきながら、粗動ネジでステージを上下に動かしてピントを合わせます。最初は低倍率(例えば10倍くらい)のレンズで全体を見ます。次に微動ネジを使って微調整をします。

❺高倍率で詳細を見よう
低倍率で全体を観察したら次に高倍率のレンズに切り替えてより詳細に観察します。例えば40倍や100倍のレンズを使うとカビの細かい部分や構造がより詳しく見えます。観察したことはノートにメモしたり、絵を描いたりして記録を残しましょう。

第1章 カビの世界

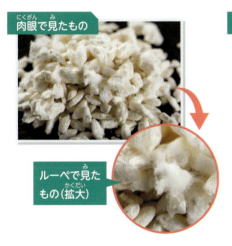

肉眼で見たもの

ルーペで見たもの(拡大)

顕微鏡で見たもの

プレパラートを作り、顕微鏡で見たもの

顕微鏡の種類

●実体顕微鏡
5～50倍の低倍率で設定された植物や昆虫、動物などの比較的大きめのものをプレパラートを作らずに観察するときに使用される学校でも使える顕微鏡。

●生物顕微鏡
40～1500倍の倍率が異なるレンズがついた顕微鏡。プレパラートを作ることが必要。

●電子顕微鏡
2000～100万倍程度の倍率に対応した専門性が高く使用用途が幅広い顕微鏡。

カビはどんな生き物なの？

みんなはカビを見たことありますか？
カビは私たちの身の回りにいる小さな生き物です。

カビの形

　カビは糸状菌と呼ばれ、カビ、きのこ、酵母を合わせて「菌類」と呼びます。現在知られている菌類は約10万種ですが、それは地球に存在する菌類のほんの一部にすぎないといわれています。カビには大きく分けて2つの形があります。細胞が伸びて細い糸のような形をしている「菌糸型」が普通ですが、広い意味では、ひとつひとつの細胞に分かれている小さい丸い形をした「酵母型」も仲間に入れることがあります。菌糸型のカビは植物でいえば種のような役割をする胞子で増え、何かにとりつき集まることでカビ全体としての体を形成し広がっていきます。身近に見られるカビの一例に、アカカビ（フザリウム属）、ツチアオカビ（トリコデルマ属）、ススカビ（アルタナリア属）などがあります。

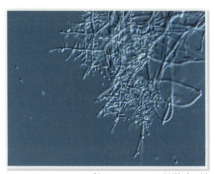

▲ぜんそくのもとになる菌のトリコデルマ（顕微鏡で拡大）。ツチアオカビとも呼ばれエアコンの中にもみられます
画像提供：国立科学博物館

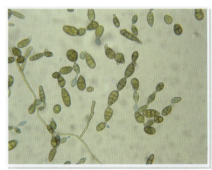

▲ススカビともいわれるアルタナリア（顕微鏡で拡大）。植物の病原菌でリンゴやイチゴ、トマトなどが被害を受けます

第1章 カビの世界

カビの働き

カビは自然界でとても重要な役割を果たしています。例えばカビは植物の枯れた葉や果物を分解して土に戻します。これによって新しい植物が育つための栄養が生まれます。また、いくつかのカビは薬の原料にもなります。例えばペニシリンという抗生物質はカビからつくられたものです。(P109参照)

カビに注意しよう

カビは私たちの生活にも役立つ存在ですが、増えすぎると問題もあります。特に湿気の多い場所ではカビが繁殖しやすく、悪臭がしたりアレルギーの原因になることもあります。

健康を守るためにも身近にカビが生えないように気を付けることが大切です。

カビの増え方と生育

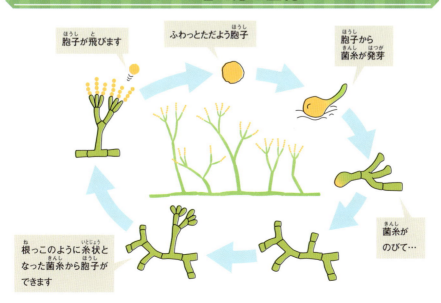

胞子が飛びます

ふわっとただよう胞子

胞子から菌糸が発芽

菌糸がのびて…

根っこのように糸状となった菌糸から胞子ができます

人類より長い歴史を持つカビ

カビの仲間の祖先が現れたのは10億年以上前までさかのぼる可能性があると考えられています。人間よりも長いカビの歴史をのぞいてみましょう。

菌類の歴史は恐竜より古い

北極圏カナダで発掘された菌類の化石が、約10億年以上前までさかのぼる可能性があることが世界的な科学雑誌で2019年に論文が発表されました。

地球は46億年前に誕生し、最初は灼熱状態で、温度が冷えてきて海ができ、そこに最初の生命が生まれたと考えられています。カビは約5億前の化石から発見されています。人類よりもはるかに長い歴史を持っているカビですが、その始まりがどういうものだったのかは、現在もよく分かっていません。地球上の微生物の中で、カビは36％程度を占めていると考えられています。そしてその種類は少なくとも300万種以上で、1000万種近いという説もあるほどです。

さまざまなものに取り付き、そこからエネルギーを吸収しながら多数の種が生み出されていったのかもしれません。人類はそんなカビからさまざまな恩恵にあずかりながら、共存する関係を育くんできたといえそうです。

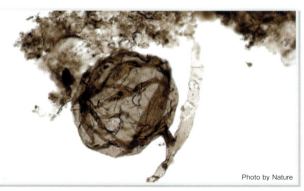

◀ 約10億年前の菌類の化石

Photo by Nature

カビと人との関わり

第1章 カビの世界

動物・植物の多くはカビを含む菌類と関わっています。光合成によって栄養を得る植物も多くは自然界で菌類を必要としています。とりわけ日本人にとって菌類は生活に欠かせない大切な存在です。私たちの生活(衣・食・住)と菌類の関係を見てみましょう。

カビ(麹菌)の働きによってできるものです。酒・みりんなどの調味料、かつおぶしもそうです。パンやワイン、ビールはいずれも酵母の働きでできます。

衣

菌類が生産する酵素はいろいろなものを分解します。衣料品の汚れを落としたり、繊維の加工をしたりするのにも利用されています。例えば、デニムをセルラーゼという酵素で処理するとストーンウォッシュにしたような風合いになります。

住

人類が初めて手にした抗生物質(バクテリアなどの生育を抑える薬→109ページ)はアオカビの一種から生産されるペニシリンでした。その他にも菌類から多くの生理活性物質が知られており、医薬品のタネとして重要な生物資源です。

食

パン、しょうゆ、酒など私たちの生活と菌類は切っても切れない関係があります。しょうゆやみそなどはコウジ

発酵食品とカビ

カビは重要な作物に打撃を与えたり、食べものを腐らせることもあります。
その逆に、カビのおかげでおいしくなる食べ物もあり、「発酵」といいます。
このカビの働きで世界中に古くから「発酵食品」があります。

パン

パンは発酵するときに発生する炭酸ガス(二酸化炭素)がパン生地をふくらませます。古代エジプト時代につくられたピラミッドの中の壁面からもパンとビールづくりが描かれています。カビの仲間の「酵母」がパンをふっくらさせる働きをしています。

▲パン(イメージ)

チーズ

チーズを作るのに利用されるのは主にアオカビ属で「カマンベールチーズ」の製造に用いられるのは白いアオカビの一種「ペニシリウム・カメンベルティ」です。青いアオカビによるチーズは「ロックフォールチーズ」に代表され、「ペニシリウム・ロックフォルティ」というカビが使われています。

▲ブルーチーズの一種

ワイン

カビの仲間の酵母は栄養分となる糖を取り込んで、それを二酸化炭素とアルコールにして体の外へ出します。そうしてできたのが「酒」で、約8000年も前に空気中にただよっていた酵母によって誕生したのがワイン(ブドウ酒)でした。

▲ワイン

金華ハム（金華火腿）

　中国で生産されている生ハムの一種で、12世紀には携行保存食品として使われたといわれている歴史のある発酵食品です。コウジカビの一種が主にタンパク質を、アオカビの一種が主に脂肪を分解して旨みにかえます。

▲世界三大ハムのひとつ、中国の金華市で作られるブタ肉のハム

テンペ

　大豆にテンペ菌をつけて発酵させた、インドネシアの伝統的な発酵食品が「テンペ」です。テンペ菌の正体はバナナやハイビスカスの葉に付着している「クモノスカビ」です。　インドネンアは宗教上、肉を食べない人が多いため、まるで肉のような食べごたえがあることから、テンペが食べられたようです。

▲テンペは大豆を発酵させたものです。納豆ほどの臭いやねばりはありません

▲顕微鏡で見た「クモノスカビ」

かつおぶし

　かつおぶしから和食に欠かすことのできないダシがとれます。その旨みのもとであるイノシン酸は「カワキコウジカビ」が分解して作ったものです。カビが増えるときにカツオの水分を吸い、乾燥してかたくするため、かつおぶしは世界一かたい食べ物だといわれています。

▲かつおぶしと削りぶし器。昭和のはじめごろまでは、どの家庭でもありました

▲カツオを3枚に切りわけ、形を揃えたかつおぶし

◀顕微鏡で見た「カワキコウジカビ」

画像提供：国立科学博物館

第1章　カビの世界

カビと日本人の食生活

日本の食に欠かすことのできない、みそ、しょうゆ、それに日本酒などの発酵には「こうじ」を使います。こうじは「クロコウジカビ」や「キコウジカビ」などのカビを米や大豆などに混ぜて育てたものです。カビを活用した独特な食べ物は、日本人ならでの知恵といえそうです。

コウジカビ

コウジカビは主に「アスペルギルス属」に分類されるカビの総称で、日本以外にも広く分布しています。日本酒をつくるときに使用される「アスペルギルス・オリゼ」は「ニホンコウジカビ」とも呼ばれ、2006年に日本醸造学会により日本の「国菌」として認定されました。"オリゼ"はラテン語で「稲」を意味します。コウジカビは日本人にとって最も身近で重要な役割を担ったカビといえるかもしれません。

▲顕微鏡で見たアスペルギルス・オリゼ

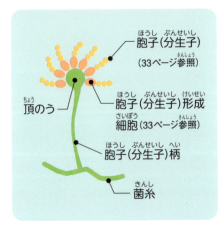

◀コウジカビ（アスペルギルス・オリゼ）のイラスト

しょうゆ

しょうゆは熱を加えた小麦や大豆にコウジカビを混ぜてつくったこうじに食塩水を加え、発酵、熟成させます。これを絞り加熱殺菌すると、しょうゆが完成します。原料や製法の違いにより、濃い口しょうゆ、薄口しょうゆ、たまりしょうゆ、白しょうゆなどバリエーションが豊富です。しょうゆは海外でも広く使われています。

みそ

みそは熱を加えてつぶした大豆に、こうじと塩を混ぜて発酵、半年から1年くらい熟成させてつくります。発酵により大豆のタンパク質はアミノ酸に変化し、消化・吸収しやすくなるとともに旨みが増します。原料の種類や配合割合、処理のしかた、発酵期間やその地域の気候などでも、みその風味が異なるようです。

日本酒・焼酎

日本酒の歴史は稲作が伝来した弥生時代が起源で、奈良時代には現在の日本酒づくりの基礎ができていたといわれています。日本酒は米とこうじ、水を主原料とし、混ぜ合わせて発酵させ、こしたものです。焼酎は米・麦・そばなどの穀物やイモ類などの原料をこうじを使って糖化し、発酵させた後に蒸留したものです。

第1章 カビの世界

カビの仲間たち

カビはきのこや酵母とともに「菌類」という生物のグループです。
菌類は動物のように自分で働きまわることはできず、
植物のように光合成で養分をつくることもできません。
推定種数300万種以上ともいわれる菌類の特徴をまとめてみました。

菌類の驚異的な多様性

昆虫に次いで地球上では2番目に多様な生物群と考えられている菌類。陸上はもちろん、土壌、地下、海洋環境でも見られ、形態や生態の多様性は驚異的です。しかも菌類は私たち人類にとって欠かすことのできない存在であるだけでなく、動物や植物、自然界にとっても重要な役割を果たすパートナーなのです。そんな菌類の特徴をまとめてみました。

菌類の特徴

❶ 細胞壁を持つ「真核生物（細胞の中に核を持つ生物）」である。

❷ 細胞に葉緑体を持たない（光合成をしない）。

❸ 細胞外で栄養を分解して吸収する。

❹ 胞子で増える。

❺ 菌糸を基本構造とする（酵母は除く）。

カビ
きのこ
酵母

また、菌類の重要な役割のひとつは、生き物の遺体を分解することです。このため、自然界の掃除屋さんとしても位置づけられています。

画像提供：国立科学博物館

第2章

身近な場所で
カビを探そう

身近なところにいるカビ

カビは湿度と温度が高い場所に発生しやすく、私たちが生活する身の回りの多くの場所にカビが潜んでいます。みんなが日常生活でよく見る場所でいえば、お風呂やキッチンは水分が多く、湿度も高いのでカビがよく発生します。家など屋内に発生するカビは基本的に人間には有害なことが多く、むしろ健康や生活環境に悪影響が出るため、なるべく発生しないよう気を付ける必要があります。

▲窓際のカビ

▲ソファーうらのカビ

第2章 身近な場所でカビを探そう

私たちが普段生活する家でもカビは多く発生します。代表的な場所として、お風呂やキッチンのシンク周りはカビがよく発生してしまいます。また、洗濯機のゴムパッキンや冷蔵庫の裏側、エアコンのフィルターなどもカビの住処となりがちです。これらの場所は湿気がこもりやすく、換気がちゃんとできていない時にカビが発生します。さらに、窓枠や壁紙の隙間、床下、押し入れ、クローゼット内など、湿気がこもる場所や換気が行き届きにくい場所も要注意です。特に身近な例ではみんなが着る服や靴の中、寝る時に使う布団も長期間放置するとカビが繁殖します。これらの場所では、湿気を防ぐための対策や、定期的な換気、清掃が不可欠です。

▲エアコンのカビ

▲冷蔵庫内のカビ

校舎内にカビが大量発生

2024年8月、北海道根室市の高校の校舎内にカビが大量発生して数日間臨時休校になりました。夏休みの間に外装工事のため、校舎がシートでおおわれ、霧の湿気が校舎内に流入して高温多湿になったことが要因。カビは机やイス、壁や天井まで広がり、生徒数人にせきやのどの痛み、体調不良などの症状が出ていたようです。

「洗濯機内」のカビに注意！
カビが繁殖する危険性が！

みんなの汚れたシャツやタオルなどをきれいに洗ってくれる洗濯機にも、カビが繁殖することがあります。洗濯機内には湿気がこもりやすく、洗濯した衣類のぬれたままの放置や、洗剤や柔軟剤の残留、水もれによる水たまりなどが原因でカビが繁殖する危険性があります。

カビが繁殖すると、洗濯機や洗濯槽、排水溝などに悪臭や汚れが付着し、衛生面や洗濯物への影響が心配です。

洗濯機のクリーニングや通気、乾燥をこまめに行うことでカビの発生を予防しましょう。

▲さまざまな種類のカビが洗濯槽に発生。写真はその中の黒いカビ、エキソフィラ

提供／
千葉大学真菌医学研究センター　矢口貴志

湿気がある「冷蔵庫内」にも、油だんするとカビが発生！

第2章 身近な場所でカビを探そう

みんなの家庭にある冷蔵庫にもカビが発生することがあります。冷蔵庫は食材の鮮度を保つために使うため、湿度がありカビが繁殖しやすい環境にあります。特に野菜や果物、乳製品などの食品は水分を含んでいるため、冷蔵庫内で湿気を含んだまま放置するとカビの発生が起こりやすくなります。また、収納スペースを過剰に詰め込んでしまうと、空気の循環が悪化して湿気がこもる原因になります。食品の賞味期限や消費期限を確認し、定期的に整理と清掃を行い、冷蔵庫内を清潔に保つことが重要です。

▲冷蔵庫内で湿気の多い食材に発生しやすいアオカビ属（ペニシリウム属）
画像提供：国立科学博物館

27

シーズンはじめのエアコンはカビが発生しがちなので注意！

　夏の暑さや冬の寒さの必需品であるエアコンもカビが発生することがあります。特に冷房を使うと結露が発生しやすく、内部が湿潤になりやすいことからカビが発生しやすいのです。またエアコン内にほこりや花粉がたまるとカビが増えやすくなります。夏のエアコンの使い始め、特に梅雨の時期に使用すると変なにおいがすることがあります。これは「カビ風」と呼ばれる現象で、カビの胞子が部屋に散布され、時には人や動物の肺に感染して病気の原因となるので注意しましょう。使う前にエアコン本体と室外機掃除をしたり、換気をするのが大切です。

▲エアコン内は空気中を漂うカビが発生しやすい。写真はその代表例であるクラドスポリウム
画像提供：国立科学博物館

▲カビの付いたエアコン

第2章 身近な場所でカビを探そう

居間も見えない場所にカビ！
梅雨だけでなく冬もいることが！

　一見きれいに見える居間にもカビの気配が。窓際は結露が発生しやすいため、カビが増殖しやすく、梅雨の時期はもちろん、外気温との温度の差から結露しやすい冬の時期も気を付けましょう。ソファやタンスのうらなど、掃除がしにくく、空気が流れにくいためホコリや湿気が溜まりやすい場所も要注意です。屋内で洗濯物を干す場合は、さらに部屋の中の湿度が上がる＝カビが発生しやすい環境になります。小まめな掃除や換気も大切ですが、家具は壁にぴったりくっ付けず空気の通り道を作る。湿度が高い場合は、除湿器を導入して湿度を下げることも重要です。

居間でカビが発生しやすい場所

- カーテンの外側
- 窓際
- ソファのうら
- カーペットの下

「お風呂」はカビが大好きな場所！カビ対策が特に重要！

　1日の終わりに疲れや汚れを落としてくれる憩いのお風呂ですが、お風呂場は実はカビが最も発生しやすい場所でもあります。湿度が常に高く、カビが繁殖しやすい条件が揃っていて、一般的にクロカビが繁殖します。特にタイルの目地やシリコン部分、排水口の周りに多く見られ、クロカビのほかアオカビや赤い酵母も発生します。

　対策としては、お風呂を使ったあとに換気扇を回したり、窓を開けたりして十分に換気することや、水分を拭き取ることが重要です。またカビの栄養源となる石鹸カスや汚れなどを定期的に掃除してキレイにするほか、専用の抗菌剤やカビ取り剤を活用することも大切です。

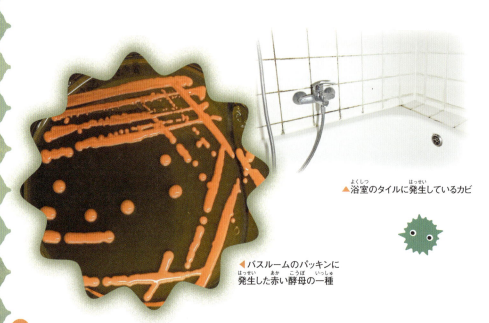

▲浴室のタイルに発生しているカビ

◀バスルームのパッキンに発生した赤い酵母の一種

意外と「窓ガラス」の周辺も カビが発生しやすい！

第2章 身近な場所でカビを探そう

　意外にも窓ガラスの周辺はカビの発生しやすい場所の一つです。特に窓に結露（ガラスに水滴がたまる現象）が起きやすい冬の時期や、湿度が高い夏の時期に注意が必要です。結露した水分が溜まる窓枠や窓の下のサッシに水がたまり、湿度が高くなることでカビが発生するのです。

　窓周辺のカビ発生を防止するには、窓に結露した水分をこまめに布などで拭き取ることで防ぐことができます。

　また窓は部屋の隅に位置していることが多く、換気が不十分になりがちです。そのため窓周辺の空気の流れをよくすることも重要です。そのほか、カビが発生しやすい窓枠やシーリング部分に防カビ剤を塗ることも効果的です。

Photo by Keisotyo

▲窓が結露している近くにカビが発生

▲窓周辺に多く見られる黒いカビ、クラドスポリウム。表面は粉っぽく、斑点やパッチ状に見えることも

コラム1 カビときのこの共通点

カビはきのこと同じ種類の生き物です。カビときのこ、そして酵母は「菌類」に分類されている生物です。カビときのこには細胞の構造や栄養の摂取方法など多くの共通点があります。

私たちがきのこと呼び食べている部分はカビでの場合、どの部分にあたるのでしょうか。食べ物などにできたカビをよく観察すると、細かい毛のようなものが生えていると思います。これは菌糸と呼ばれるもので植物でいえば葉や茎、根です。菌糸が枝分かれしながら集まって菌糸体ができます。カビの場合ここに胞子をつくる構造ができます。きのこの場合、菌糸体がさらに複雑になり、子実体（いわゆるきのこ）を形成します。子実体に胞子を形成する部分ができます。植物の花でいうところの花と果実の部分です。きのこの本体となる菌糸は、実は木の中や土の中に存在しています。天然のきのこが毎年同じ場所に生えるのはきのこの本体が移動していないからです。

▲土の中の菌糸が放射線状に広がっているきのこ。海外では妖精の環（フェアリーリング）と呼ばれることもある。

●有性生殖と無性生殖

きのこもカビも、菌糸が本体です。そして、カビの大部分は、この菌糸の上に胞子をつくる構造をつくります。しかし、きのこの場合は、カビよりももっと複雑で大きな構造（子実体）をつくる点が異なっています。つまり、カビときのこの違いの一つは、胞子をつくる構造の大きさです。ところで、胞子にもいろいろな種類があります。大きく分けると無性胞子と有性胞子に

分けることができます。前者は、親とまったく同じ遺伝子をコピーして胞子ができます。ですから、「自分」がどんどん増えていくのです(無性生殖)。これに対し有性胞子は、2つの親の遺伝子が交配によって混ざり、新しい遺伝子の組み合わせをもった胞子となります(有性生殖)。無性胞子は有性胞子に比べて耐久性がないことも多く、すばやく「自分」を増やすのには向いていますが、環境の変化には対応できないこともあります。一方、有性胞子はつくるのに手間がかかるかもしれませんが、できた胞子は親にはない素質があることもあるため、環境の変化に対応できる可能性がより増えていると考えられます。

第2章 身近な場所でカビを探そう

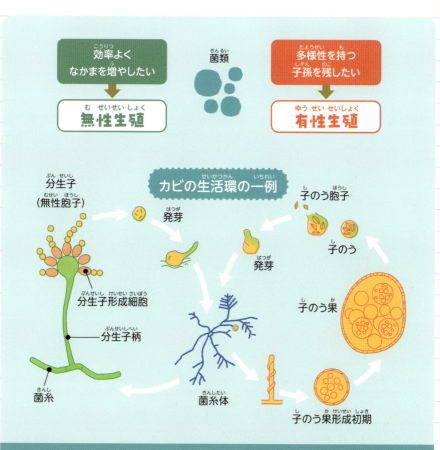

目的によって無性生殖と有性生殖を使い分けています

道に落ちている枯れ葉はどこにいくの？

　落ち葉が地面に落ちて腐ることは、自然の中でとても大事なプロセスです。このプロセスを助けているのが、カビや細菌などの小さな生き物たちです。落ち葉が地面に落ちると、カビは落ち葉を少しずつ分解して土に戻す役割を担っているのです。

　落ち葉が分解されると、二酸化炭素や水、そして有機酸などが作られます。これらは土の中の他の生き物や植物にとって大切な栄養になり、特に植物が元気に育つのを助けてくれるのです。このように落ち葉が腐るという現象は自然の中で栄養が回り、植物が育つのを助けるというとても大切な働きをしてくれています。

▲落ち葉についた白いカビ

画像提供：国立科学博物館

◀カビは落ち葉の成分を土壌に戻す役割を担っています。画像は落ち葉の硬い部分を分解する役割を持つ、白色腐朽菌のきのこ

林の中にはどんなカビがいるのかな？

　林の中には多種多様なカビが存在し、それぞれが生態系の中で重要な役割を果たしています。先に述べたように、カビは落ち葉や倒木などの有機物を分解し、土壌に栄養を与えることで森の健康を保つ役割を担っているのです。林の中でよく見られるカビには、落ち葉や腐敗した植物に生息し、湿度の高い環境で繁殖するアオカビやクロカビ、倒木や枯れ枝を土壌に還元する重要な役割を担う白色腐朽菌がいます。

▲カビが生えた木の根の表面

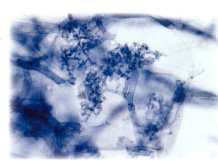

◀アーバスキュラー菌根菌の胞子

画像提供：山本航平（栃木県立博物館）

▶カビがつくるアーバスキュラー菌根の構造（青色色素で染色）

画像提供：山本航平（栃木県立博物館）

　また林の中では、カビは植物や他の微生物と共生関係を築くこともあります。例えば樹木の根と共生する菌根菌は、樹木に栄養を与える代わりに、樹木から炭水化物を得ています。この共生関係により樹木は栄養不足の土壌でも健全に成長することができ、林全体の生態系が維持されるのです。

第２章　身近な場所でカビを探そう

水中にはカビがいない?

　自宅で魚を飼っている人は水槽の魚や水草に生えたカビのようなものを見たことがあるかもしれませんが、陸上に上がった菌類とは異なる「偽菌類」と呼ばれるカビの仲間のミズカビです。カビは繁殖する際に空気中に胞子を飛ばして動物や植物の死がいなどにくっ付くと発芽して繁殖しますが、水中で生活するカビの一部には胞子を飛ばすかわりに次ページで詳しくふれる「遊走子」を放出するものがあります。水槽にくっついているのはミズカビの仲間やツボカビの仲間です。ミズカビはカビと付いてはいますが、ツボカビが真菌門という仲間なのに対して、ミズカビは卵菌門の仲間です。

▲ミズカビが感染した状態の金魚

ふつうのカビとミズカビの違い

	ふつうのカビ	ミズカビ
属するグループ	菌類	卵菌門
細胞壁	キチン質	セルロース
生育環境	陸上(乾燥した場所)	水中

ミズカビは泳いで増える?

第2章 身近な場所でカビを探そう

　ミズカビは、魚などにとりつき、そこから栄養分を吸収して育ちます。菌糸がたくさん生えているため、ミズカビは真っ白な綿のように見えるのです。ミズカビの菌糸が一定以上育つと袋ができ、その中からつぶのようなものが飛び出します。これがカビでいうところの胞子にあたるもので、「遊走子」といいます。大きさは0.01㎜ほどです。ミズカビは、この遊走子で増えるのです。胞子は風にのって動植物の死がいなどにくっつき発芽します。一方、遊走子には体に細長い毛があり、それを動かして泳ぐのですが、自分を成長させる栄養源になりそうなものがある方向に向かう性質があります。そして魚や水草などにくっ付くとまた増えるのをくり返すのです。

　ミズカビは自然の川や湖、海の中に存在しますが、魚などを飼育している水槽の中やお風呂場にいることもあります。水槽の中やお風呂場のミズカビの発生を予防するためには、水槽の場合は定期的に水を入れかえたり、薬を投与する。お風呂場の場合は換気をして水気がないように心がけることが大切です。

▲ミズカビ科ワタカビ属の菌糸と卵胞子
Photo by keisotyo

フンのうえに生える カビたち

　人間や動物のフンにもカビが生えることは知っていますか？フンの上に生えるカビ（糞生菌）は、自然界において重要な分解者として活躍しています。カビはフンを効率的に分解し、栄養素を土壌に戻すという役割を担っています。

▲森の中にあったシカのフン

▲トリコデルマは土壌のほか空気中、食品、そして植物の表面など、さまざまな環境で見つけることができます。
画像提供：国立科学博物館

　例えば、トリコデルマはフンや他の腐ったものの上によく生え、フンの中にある栄養を食べながらそれを土の中に戻します。トリコデルマがいることで土が豊かになるのです。ところで糞生菌の観察には草食動物のフンが適していますが、人工飼料やペットフードを食べている場合はカビを見つけることは期待できません。

新たな命を育てる大切な存在

ミズタマカビというカビは湿った環境が大好きです。湿ったフンの上でよく見られ、フンを包み込むように広がります。そうして分解を進めることで土にたくさんの栄養が戻り、土の質が良くなるのです。ミズタマカビはウマやウシ、シカなどの新鮮なフンを観察すると、数日のうちに現れることが多く、フンの上から胞子のうをのばし数時間後に胞子を飛ばします。

このようにフンの上に生えるカビは、自然の中で物を分解し、新しい命を育てるために、とても大事な役割を果たしているのです。

▲土壌の上に新しい植物の芽

第2章 身近な場所でカビを探そう

▲ミズタマカビは胞子のうと呼ばれる球状の構造を形成し、成熟すると胞子のうが破裂し、胞子が放出されて新しい場所に広がります

39

フンから生えるカビの仲間

●フンタマカビの仲間（子のう菌類）

子のう菌類に属するカビで、特に草食動物のフンの上に見られることが多いようです。小さな黒い球のような子実体をつくり、その内部に胞子が詰まっています。子のうという袋をつくり成熟すると胞子が放出され、新たな場所に広がっていきます。

Photo by Ninjatacoshell

▲顕微鏡で見たフンタマカビのなかまの子のう殻

●ケカビの仲間（接合菌類）

接合菌類に分類されるカビの仲間で、フンの中はもちろん、土壌や腐敗した植物にも見られます。透明な毛のような菌糸を立ちあげ（胞子のう柄）、てっぺんに球状の袋（胞子のう）をつくる特徴的な形を持つ構造体を形成します。その小さな球状の袋の中に胞子をつくります。

▲フンに発生したケカビの仲間

Photo by Ryuchin

第3章

植物や昆虫に寄生するカビたち

黒穂病菌

イネやコムギなどに感染

　黒穂病は穂が黒いカビで覆われる、イネやコムギなどの穀物をはじめいろいろな植物に感染する病気です。中でも目立つのはトウモロコシ黒穂病です。本来は黄金色に実るはずのトウモロコシの果実の一つ一つが、大きなコブのように膨らんでしまい、初めは白い色をしていますが、後に鉛色に変わる膜におおわれ、最後は膜がはじけるように破れて、中から黒い粉のかたまりが出現します。形成された菌こぶは大きくグロテスクなことから、トウモロコシ農家では「おばけ」と呼ぶこともあるようです。農作物に対する打撃になることが多く、関係者にとって重要な問題になっています。

▲トウモロコシの果実の一つ一つが、コブのように大きくふくれます

▲トウモロコシ黒穂病菌に感染したトウモロコシ

黒い粉はカビの胞子

トウモロコシ黒穂病はきのこと同じ担子菌類の一種ですが、きのこをつくりません。果実の部分に発生し、雌花だけではなく、雄花にも発生し黒い粉が現れ、葉や茎に出てくることもあります。黒い粉は菌糸が変化して形成されたカビの胞子で、飛び散って発芽します。別な植物に二次的に感染したり、胞子で越冬して翌年の感染の原因になることもあります。感染する部分は成長が止まったトウモロコシの若い組織で、成長点に入り込み菌糸をのばし、やがて花の部分に行きつくと黒い胞子のかたまりをつくります。

第3章 植物や昆虫に寄生するカビたち

◀病気になったトウモロコシの断面

▲顕微鏡で見た、黒穂病菌の胞子

感染したトウモロコシの料理

▲「ウイトラコチェ」と呼ばれる、メキシコのトウモロコシの黒タコス

世界には個性的な料理が多数ありますが、メキシコでは黒穂病にかかったトウモロコシを「ウイトラコチェ」と呼び、一般的には商品価値を失ったものと考えられるこのトウモロコシを高級食料として扱い、アミノ酸が豊富に含まれた食材としてレストランや市場などで販売しています。料理としてはタコスやケサティージャ、オムレツなどに使うことが多いようです。

43

サビ病菌

 ## 農業や園芸がときにはピンチに！

　サビ病菌も、植物に病気を引き起こす担子菌類の一群で、世界中の農業や園芸において重大な問題になっています。これらの菌は、生きた植物の葉、茎、花、果実に感染し、一般的に「さび病」と呼ばれる特有の病徴（肉眼でも確認できるさまざまな異常）を引き起こします。

▲バラの葉に影響を与えたさび病菌

 ## 鉄に発生するサビのような病徴

　サビ病菌は多くの場合、植物の表面にオレンジ色、赤色、黒色などの小さな斑点や粉状の集まりを形成します。この病徴が「さび」に似ていることから「サビ病菌」と呼ばれています。
　サビ病菌は非常に複雑な生活環を持ち、多くの種は複数の宿主植物を経ることがあります（異種寄生）。サビ病菌にはいくつかの種類の胞子があり、多様な形態が含まれ、これらが異なる時期や環境条件で発生します。

▲ナシの葉に現れたサビ病菌

植物の生長や収穫量に影響を！

サビ病菌は宿主植物の細胞に栄養を吸収するための特別な構造（吸器）を形成。植物の成長や収穫量に大きな影響を及ぼすことがあります。

第3章 植物や昆虫に寄生するカビたち

主なサビ病菌の例

● プッキニア　グラミニス

小麦や大麦などのイネ科植物に感染し、クロサビ病を引き起こす病原菌です。これは世界中で問題になっている病菌で、穀物の生産に深刻な影響を与えることがあります。

● プッキニア　ストリィフォルミス

小麦などに感染し、キサビ病を引き起こすことがあります。

● ギムノスポランギウム　ジュニベリ　ヴァージニアナエ

バラ科の植物とヒノキ科のイトスギ類（主に針葉樹の常緑樹や低木）の両方に寄生し、異なる宿主間で生活環を完了します。リンゴなどに影響を与えることもあります。

べと病菌(ツユカビ)

野菜や果物に寄生するカビ

べと病菌により発生するべと病は、梅雨時などの湿度が高いときに続く、べったりと腐ってしまうような症状になることから、べと病と呼ばれています。ツユカビ目のほとんどのカビは植物寄生菌で、生きた野菜や果物の細胞でのみ生活できる絶対寄生菌なので、野外で野菜の葉などから見つかることが多いようです。べと病菌の胞子が植物の葉や茎に付着し、条件が適していると胞子が発芽して菌糸が形成されます。菌糸は植物の組織に侵入し、栄養を吸収します。菌糸が成長することで病気が広がり、葉の変色やしおれなどの症状が現れるようになります。

▲感染したブドウの葉裏。白いかたまりは遊走子のうです

べと病菌が引き起こす病状

べと病菌に感染した植物には、さまざまな症状が見られます。通常多いのは緑色の葉が黄色や茶色に変わったり、葉がしおれてしまうことですが、葉の表面に斑点ができることも珍しくありません。重度の感染の場合は植物が枯れることもあります。特にキュウリやハクサイ、ブロッコリー、スイカ、メロン、カボチャなどに梅雨時期に発生することが多いようです。べと病菌の菌糸は植物の細胞の間に広がり、葉裏の気孔から遊走子が群れをなして水滴中を泳ぎ、新しい植物に到達します。また、ダイコン、カブ、ホウレンソウ、ネギ類などは風に飛ばされた遊走子のうから発芽管が伸びて植物に侵入します。つまり、泳ぐ胞子(遊走子)と風で飛ぶ胞子の2種類の発芽のしかたで仲間を増やせるわけです。

▲ジャガイモに発生したべと病

第3章 植物や昆虫に寄生するカビたち

▲チェリートマトにべと病が発生

47

いもち病菌

イネの病気の中で最も怖い病気

イネの病気の中で最も被害が大きいことで知られるいもち病。いもち病菌というカビの仲間がイネに寄生して発病します。いもち病菌がイネに付着し、そこに水滴があると胞子発芽します。発芽した胞子はイネの表皮細胞に入るための特別な器官を作って、細胞の抵抗をおさえて侵入し、最終的には葉や穂を枯らせます。いもち病に感染すると、初期段階では小さな斑点が現れます。進行すると斑点が徐々に大きくなり、葉全体が枯れてしまいます。また、発生の部位により、苗いもち、葉いもち、穂いもち、籾いもち、節いもちなどと呼ばれています。

いもち病は空気伝染性の病害であるため、その発生には気象が大きく影響し、気温14～30℃で弱い雨や露などが続き、イネの葉が長時間ぬれるような条件のときに発生しやすいと考えられています。いもち病菌の発芽、侵入には水滴や高湿が不可欠のため、降雨や霧がいもち病発生を助長する最大の要因といえそうです。

▲葉いもち病の症例

▲甚大な被害を与えるいもち病

いもち病対策を考える

　農業関係者の間では、さまざまないもち病対策が考えられています。一例ですがイネそのものが、いもち病に強い品種であれば、大きなダメージをうけなくてもすむのではということで、味を落とさずに、いもち病に強い抵抗性遺伝子を組み込んだ品種をつくろうという取り組みが進んでいます。

　また、いもち病はどちらかというと冷夏でイネの生育適温より低い温度で、イネ抵抗性が低下し、いもち病の生育適温に合致して高湿条件となった場合に激発する病気なので、圃場の雑草を処理するなど、常に風通しが良い状態を心がけることが大切です。放置されていることが多い補植用の取り置き苗は、いもち病にかかる可能性が高いので、土に埋めるなどして早めに処分することも重要です。いもち病菌との戦いは、人の病気との戦いと同じく、健康なイネを育て、できるだけ病気が出て広がらないようにする予防と対策が重要です。

▲節いもち病の症例

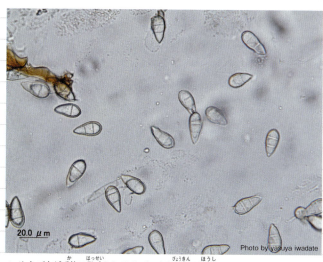
▲メヒシバ（イネ科）に発生したメヒシバいもち病菌の胞子

第3章　植物や昆虫に寄生するカビたち

昆虫に寄生する菌

🦠 生きた昆虫に寄生する冬虫夏草

植物だけではなく昆虫に寄生する菌類も存在します。寄生され死んだ昆虫の体からきのこが発生することがあります。つまりガやセミの幼虫などに寄生して栄養を吸収し、きのこ(子実体)を生やす菌類です。冬は虫の姿だったものが、夏は草(きのこ)として姿を見せるので冬虫夏草と呼ばれるようになったといわれています。その一部にはきのこのように大型になったカビが含まれています。冬の間は昆虫が地面に潜って冬を過ごし、菌が昆虫の体を侵食し栄養を吸収しながら成長。結果、昆虫は死んでしまいます。

菌は夏になると昆虫の体から外に出て、小さな棒状の構造を形成します。冬虫夏草は自然界で重要な役割を果たしています。昆虫に寄生することで、個体数を調整し、生態系のバランスを保つ手助けをしています。また、冬虫夏草を摂ると人間は病気に対する抵抗力をつけるということで、伝統的な薬草としても利用されています。冬虫夏草の仲間は国内に300種程存在すると考えられ、主に寄生された昆虫に基づきセミタケ、アリタケ、サナギタケなどと呼ばれています。

▲ハナサナギタケの発生のようす

Photo by Ferdy Christant

ミイラ化させ白い分生子を出す白きょう病菌

白きょう病菌は、さまざまな昆虫に寄生し、水分をうばってミイラ化させ体節から綿状の菌糸を出します。夏に野外で気をつけて見てまわると、白色の分生子におおわれて、かたくなって死んでいるさまざまな昆虫やその幼虫を見つけることがあります。虫の体内は菌糸がいっぱいです。白きょう病菌のきょう(殭)という漢字は、死ぬけど腐らないで残るという意味で、虫の体が白いミイラのようになるので、このような名前になったようです。ほかにも緑きょう病菌や黒きょう病菌など多くの昆虫寄生菌が存在します。

第3章 植物や昆虫に寄生するカビたち

▲ニイニイゼミに付着した白きょう病菌

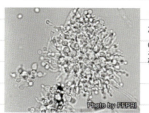
◀顕微鏡で見た、白きょう病菌の分生子形成構造

▲緑きょう病菌に感染したコガネムシのなかまの幼虫

白いピンのような分生子がブラシ状に

セミの体中から2mmほどの剛毛がブラシ状に生えた昆虫の死体。これはセミに寄生した菌類、セミノハリセンボンで、セミの体に針がいっぱい刺さっているように見えます。この白いトゲの先端に分生子を形成しています。

▲白い針を全身に打たれたような姿のセミ

昆虫をおそうカビ

カビがハエの行動を操作？

　葉や木などにとまったまま死んでいる昆虫を見かけることがあります。よく観察してみると、死んだ昆虫の体の節々から白い菌糸が顔を出しているようです。そして周囲に白い粉状の分生子をまきちらしていることが分かります。この昆虫に寄生したのが接合菌類のカビの仲間、約200種ともいわれるハエカビ目の寄生菌なのです。胞子を勢いよく飛ばす性質を持ち、死んだ昆虫の体から周囲に胞子をまき散らし、新たな宿主の体表に胞子を付着させ増えていきます。

　デンマークにある大学の研究チームは、ハエカビの一種に寄生されたハエが行動をハエカビに操作されている

▲ハエに発生したハエカビのなかま

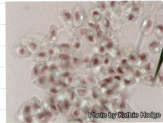
▲（写真上）死体の周囲には、胞子が飛散（写真下）顕微鏡で見た、ハエカビの分生子

第3章 植物や昆虫に寄生するカビたち

という仮説の検証結果を国際的な学会誌に2022年に発表しています。ハエカビに感染したハエが木の枝先など高いところに登って死に、死がいから胞子を広範囲に散布するのは、ハエカビに行動を操作する能力があるからだと考えられています。

ハエの脳に感染し胞子を散布

同様にデンマークの大学の研究チームが実験をした研究成果がイギリスの学術雑誌に、2019年に公開されています。研究チームはハエカビの「射出胞子」を模倣した小型の「ソフトカノン砲」を設計し、シミュレーションを通じて分析。推定秒速10mの射出速度で、空気抵抗があっても数cmの範囲内に胞子を飛散させることができることが分かったと発表しています。

▲湿った朽ち木の表面でハエ類に発生したハエカビのなかま

▲ハエカビは一晩で宿主の体をおおってしまいます

◀宿主のハエから大量の胞子を飛散するハエカビ

カイガラムシと共生する菌

🦠 こう薬を貼っているように見える、こうやく病

こうやく病という菌類によって起きる樹木の病気があります。一種類の菌ではなく、複数の菌によって同様の症状が生じます。被害を受けやすい樹種は、サクラ、ウメ、トドマツなど多数あり、最初に害虫のカイガラムシに、こうやく病菌が付着または寄生します。こうやく病菌が植物に寄生しているのではなく、樹木に取り付き樹液を吸っているカイガラムシに栄養を求めて生活しています。樹木の枝や幹に薄皮のように菌が貼り付き、こう薬(湿布薬などのぬり薬)を貼っているように見えます。色は灰色、赤茶色、褐色などさまざまで、比較的大きいので目立ちます。カイガラムシの姿はこうやく病菌におおわれて見えませんが、カイガラムシの子どもを気温の変化や天敵からの攻撃から守るという働きが、こうやく病菌にあり、お互いに利用しあう「共生」が成立しているようです。

▲黒色こうやく病菌

▲カイガラムシがサクラの幹に付き、樹液を吸います

第4章

日常生活とカビ

コウジカビ
発酵食品づくりに活躍！

　コウジカビは、こうじの製造に使われるカビを広く指します。ですから1種類のカビではありません。ここで、こうじとは、穀物にカビをつけて発酵食品をつくるための基盤としたものです。カビにも穀物にもいろいろな種類がありますので、こうじにもいろいろな種類があることになります。しかし、代表的なコウジカビはアスペルギルス属のカビです。アスペルギルス属には多数の種があり、用途によって異なる種でこうじが作られています。ここから代表的なコウジカビを見てみましょう。

▲キコウジカビ（米麹）

コウジカビで、しょうゆができる！

　大豆や小麦を煮て粉々にしてコウジカビを混ぜて作ったこうじに食塩水を加え、発酵させます。樽の中で熟成させ、ろ過して加熱殺菌するとおいしいしょうゆが完成します。

▲しょうゆ

たねこうじ
こうじをつくるためのこうじ

こうじは、穀物にカビを生やしたものなので、生きています。また、それまで成長して分泌された酵素が大量に蓄積されています。こうじが発酵食品の製造の初期に大量に投入されることによって、発酵の場は一気にその生物が中心となり、他の微生物の成長を阻むことによって、食品の腐敗を防ぎます。

ところで、こうじは、食品店やスーパーで買うことができます。これはこうじ屋さんが作っているからです。では、こうじ屋さんはどうやってこうじを作るのでしょう。実は、かつては、できたこうじの一部をとっておいて、新しい穀物に接種していました(ともこうじ)。しかし、これでは製造するたびに代が進み、品質が劣化してしまう場合があります。ちょうど、コピーを繰り返すと、線が曲がったり、文字がかすれてよめなくなるのに似ていますね。そこで、最初にこうじを大量に培養して胞子を作らせ、その胞子を冷凍してとっておく方法に変わっていきました。これを種こうじとよび、「もやし」ともよばれます。現在、日本国内で操業している種こうじ屋さんは、数社しかありませんが、重要な伝統産業として、維持されてほしいですね。

第4章　日常生活とカビ

▲こうじを作るための、こうじ

キコウジカビ
みそやしょうゆづくりに欠かせない存在！

キコウジカビは、みそやしょうゆ、日本酒など、日本の伝統的な発酵食品をつくるために古くから使われてきたカビです。奈良時代（約1300年〜1200年前）にはみそづくりに、平安時代（約1200年〜800年前）には日本酒づくりに使われていたことが記録に残っています。

このカビは、米や麦、大豆に含まれるデンプンを分解して糖に変え、発酵を進める働きがあります。後に述べるクロコウジカビやシロコウジカビとは違い、酸をあまりつくらないので、食品本来の味を損なわずに引き立てることができます。特にみそでは、米や大豆のおいしさを引き出し、まろやかで深い味を生み出すうえで欠かせない存在です。

このようにキコウジカビは、長い間日本の食文化を支え、今でも私たちの食卓に豊かな味わいを届けています。

▲キコウジカビの分生子形成構造
画像提供：国立科学博物館

▲みそづくりの様子。蒸し大豆と塩の温度は麴菌が死なない温度に下がったらキコウジカビ（米麴）を混ぜる

クロコウジカビ
強い発酵力で焼酎や黒酢をつくり出す！

クロコウジカビの仲間は、比較的身近で見られる食品を汚染することもある黒色のカビですが、主に焼酎や黒酢をつくる時にも使われています。

焼酎は、米や麦、さつまいもを原料にして作られますが、クロコウジカビはこれらの原料のデンプンを糖に変えます。沖縄の「泡盛」など、クロコウジカビの仲間を使った焼酎は発酵力が強く、濃厚な味わいと香りが特徴です。

クロコウジカビは黒酢の製造にも重要な役割を果たしています。このカビが発酵を進めることで黒酢独特のまろやかな酸味やコクが生まれます。また、発酵の途中で、消化を助けた

▲クロコウジカビの分生子形成構造
画像提供：国立科学博物館

り、体に良い影響を与える成分もつくられ、黒酢は健康に役立つ調味料として広く使われています。

クロコウジカビは、高温でも発酵をしっかり進めることができるので、いろんな場所で使われる貴重な微生物として、日本の発酵食品づくりにとても役立っています。

▲黒酢

第4章 日常生活とカビ

シロコウジカビ
さっぱりとした味の焼酎に使用！

　シロコウジカビは、焼酎づくりに使われる白いカビです。

　59ページで紹介したクロコウジカビは、江戸時代(約400年前)から焼酎の製造に使われていましたが、シロコウジカビは、クロコウジカビが突然変異して生まれた新しいカビです。昭和時代(約90年前)に見つかり、焼酎の製造効率を大幅に向上させました。このカビは、それまで使われていた他のカビよりも酸を多くつくり出すので、雑菌の繁殖を防ぐ効果が高く、安定して発酵させることができるようになりました。

　シロコウジカビを使った焼酎は、さっぱりとした飲みやすい味わいが特徴で、多くの料理と合うので、たくさんの会社がつくっています。現在では、焼酎づくりに最も使われるカビです。他の発酵食品にはほとんど使われませんが、焼酎文化を支える重要な存在です。

▲シロコウジもクロコウジも焼酎づくりに欠かせない

▲近代焼酎の父と呼ばれたシロコウジカビ(河内菌)の発見者である河内源一郎

カツオブシコウジカビ
鰹節の風味と保存性を高める役割が！

　カツオブシコウジカビは日本の伝統食品でもある鰹節の製造に欠かせないカビです。このカビは鰹節の風味と保存性を高める重要な役割を果たしています。

　カツオブシコウジカビはアスペルギルス属に属する糸状菌です。主に暖かく湿った環境で繁殖し、特に鰹節の製造過程で使用されます。鰹節の製造過程にはカツオを煮る、燻す、乾燥させるという工程があります。この乾燥過程でカツオブシコウジカビが使用されます。カツオの切り身を乾燥させ、その後カビを付着させるために温度と湿度がカビを最適に繁殖できるよう管理された専用の部屋に移します。カビが付着したカツオは再び乾燥され、この過程を繰り返すことで鰹節は次第に硬くなり、独特の風味と香りが生まれます。カツオブシコウジカビは人間にとって有害な毒素を生成しないので、食品の製造に安全に使用できます。

▲鰹節カビ付け

◁カツオブシ

カツオブシコウジカビが鰹節の表面に付着することで、タンパク質の分解が進みアミノ酸が増加。旨味成分が豊富になります

第4章　日常生活とカビ

ベニコウジカビ
中国の薬膳料理に使われる赤いカビ！

ベニコウジカビは、赤い色素を持つカビで、昔から日本や中国などアジアで、酒やみそなどの発酵食品をつくるために使われてきました。米にこのカビを生やし、発酵させた紅麹を使って食品をつくることで、独特の風味と美しい赤い色をつけます。

このカビは、コレステロールを下げる「モナコリンK」という成分を生産することが知られており、体にも良いとされています。中国では薬としても用いられ、サプリメントにも活用されています。また、薬膳料理や豆腐など、健康を意識した料理にも広く使われています。

▲ベニコウジカビを繁殖させた米

さらに、このカビの赤い色素は、ソーセージやチーズ、スナック菓子など、さまざまな食品の天然の着色料としても利用されています。

ベニコウジカビは、キコウジカビなど他のコウジカビにはない赤い色素と健康効果を持ち、伝統的な食品から現代の健康食品や着色料まで、幅広い分野で重要な役割を果たしています。

▲沖縄独自の発酵食品「豆腐よう」。赤い色は紅麹によるもの

クモノスカビ
パンや果物にふわふわ生える白いカビ！

第4章 日常生活とカビ

クモノスカビはケカビの仲間で、パンや果物など糖分が多い食品に生えやすいカビです。最初は白くふわふわした見た目で、成長すると細い糸のような菌糸が広がり、まるで蜘蛛の巣のように見えるのが特徴です。さらに時間が経つと、黒い胞子ができて全体が黒っぽく変わっていきます。

このカビは、デンプンや糖を分解する力が強く、その働きで食品の発酵や腐敗を進めます。湿った場所や温かい環境で特に生えやすいので、食べ物を腐らせないためには、密閉容器に入れて冷蔵庫で保存することが効果的です。

▲トマトの果実に発生したクモノスカビのコロニー

クモノスカビがつくる酵素は、医薬品の製造や産業廃棄物の処理など、工業分野でも活用されています。たとえば、薬に使われる成分をつくったり、廃棄物の中の有害物質を分解したりする研究に役立てられています。不気味な名前と見た目の厄介なカビに思えるかもしれませんが、私たちの生活を助ける働きをしているカビです。

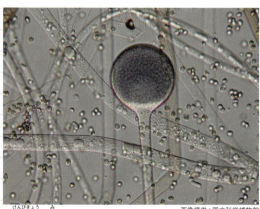
▲顕微鏡で見たクモノスカビ
画像提供：国立科学博物館

アオカビ
多くの人々の命を救っている薬の材料！

アオカビは、青や緑色をしたカビで、パンや果物のほか、いろいろな野菜や食品に生えやすく、湿った環境や腐った食べ物でよく見られます。見た目はあまり好かれませんが、実は私たちの生活のいろんなところで大きく役立っています。

食品の分野では、ヨーロッパの伝統的なチーズであるブルーチーズの製造に使われています。ブルーチーズは、牛乳や羊乳にアオカビを加えて発酵させることでつくられ、青や緑色のカビが線や斑点となって全体に広がる独特の見た目が特徴です。この発酵により、特有の濃厚な味わいと香りが生まれます。また、アオカビはチーズを柔らかくし、なめらかな食感をつくり出します。代表的なブルーチーズとして、イタリアのゴルゴンゾーラ、イギリスのスティルトン、フランスのロックフォールなどがあり、それぞれのチーズは製造過程の違いによって風味や食感に独自の個性が生まれます。

しかし、アオカビが一番大きく貢献しているのは医療の分野です。20世紀の初めに、アオカビから世界で

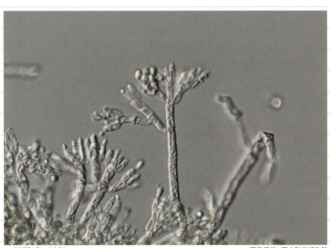

▲ 顕微鏡で観察したアオカビ

画像提供：国立科学博物館

初めて「ペニシリン」という抗生物質が見つかりました。この薬は、病気の原因となる細菌を倒す強い力を持ち、感染症の治療に革命をもたらしました。今でも、のどや皮膚の感染症、肺炎の治療などに病院でよく使われています。昔は、軽い風邪やすり傷でも命を落とすことがありましたが、ペニシリンの登場によって、治る人が格段に増え、数え切れないほど多くの命を救えるようになりました。この素晴らしい発見をしたアレクサンダー・フレミングは、功績が認められて、ノーベル賞を受賞しました。（109ページ参照）

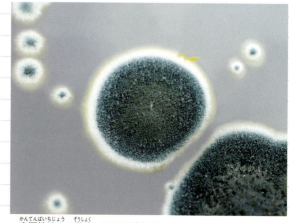
▲寒天培地上で増殖したアオカビのコロニー

また、アオカビは産業分野でも活用されています。アオカビがつくる酵素は、食品の製造や品質向上に利用されるほか、洗剤や医薬品の製造にも役立っています。この酵素の力で、さまざまな製品の製造工程を効率化する研究も進められています。

このように、アオカビはただの腐敗を引き起こすカビではなく、医療や食品、産業など、多くの場面で活躍しています。特にペニシリンの発見によって、アオカビは現代社会に欠かせないものとなり、私たちの健康や暮らしを支える大切なパートナーとなっています。

第4章　日常生活とカビ

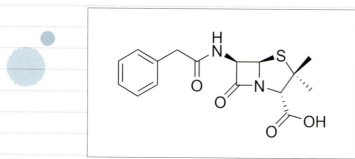
▲天然ペニシリン（ペニシリンG）の構造式

65

ススカビ
胞子は大型でアレルギー性鼻炎の原因にも

　ススカビと呼ばれるカビは、自然界では土壌に潜んでいますが、野菜をはじめとするいろいろな生きた植物に感染して病気を起こす、植物の病原菌として知られています。感染する植物もウリ科、ナス科、アブラナ科など極めて広く、症状もさまざまです。一方、生活環境では浴室、洗面所、トイレなど比較的高湿度となりやすいところに発生します。
　ススカビは黒色で多細胞の胞子を大量につくります。胞子から次の胞子が連続して生じ、3次元的な連鎖をします。また、成長するスピードも比較的速く、大量に発生するとまるですすのように目立つようになります。カビの中でも胞子は大型で、細胞壁が疣状となり、アレルギー性鼻炎の原因ともなります。

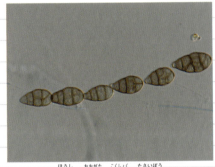
▲ススカビの胞子。大型で黒色、多細胞
画像提供：国立科学博物館

▲胞子は互いに連結しており、三次元的につながります
画像提供：国立科学博物館

アカビ
農作物に毒素をつくる危険なカビ！

第4章 日常生活とカビ

アカカビは、赤やピンク色のカビです。自然界では土の中に生息するのが一般的ですが主に農作物に発生しやすく、特に小麦やトウモロコシ、大豆といった穀物に被害を与えます。アカカビが作物に感染すると、収穫量が減ったり、品質が落ちたりします。さらに「マイコトキシン」（113ページ参照）と呼ばれる有害な毒素をつくり、これを食べると非常に危険なため、農業ではアカカビの発生を防ぐ対策がとても重要です。

実はアカカビとよばれるカビは複数あり、いずれもフザリウム属に属します。北海道から九州まで広い範囲に分布しており、自然界では土壌に生息するのが一般的なカビです。中でも麦に感染して起こる赤かび病は、わたしたちの生活でも重要な穀物に感染して大きな問題となるため、多くの研究者が研究しています。

▲赤かび病に感染した小麦。若干赤っぽい
画像提供：国立科学博物館

▲赤かび病菌のコロニー。赤い色素が分泌されている
画像提供：国立科学博物館

ケカビ
いろんな場所に広がる灰色のカビ！

　ケカビは接合菌類の一種です。枯れた植物や落ち葉、腐った食べ物などに生えるカビで、黒っぽい色や灰色のものが多く、特に湿った場所でよく発生します。家の中では、傷んだ野菜や、台所に放置された食べ残しなどに生えることがあります。

　ケカビの菌糸はアオカビやコウジカビに比べると太く、隔壁はありません。伸びるスピードが速く、広い範囲に短い時間で広がります。

　体に入っても健康な人には問題ないことが多いですが、免疫力が弱っていると、まれに発熱やとう痛を生じるムーコル症という病気にかかることがあります。一方で、ケカビはその酵素の力で食品の発酵を助けたり、廃棄物の分解や環境を守る研究にも使われています。

　このように、ケカビは身近な場所でよく見られるカビであり、私たちの生活や科学にも役立つ大切な存在です。

▲ルーペで見たケカビ

▲ブラックベリーに生えたケカビ

アスペルギルス・レストリクタス
冷蔵庫でも繁殖、乾燥環境にも強い!

第4章 日常生活とカビ

アスペルギルス・レストリクタスは、灰色や淡い茶色をしたカビで、乾燥した食品や穀物によく発生します。保存食の中には、塩分が高く、乾燥した食品(ビーフジャーキーなど)があります。塩分や糖分が極めて高いということは、それだけ微生物にとって使える水分子が少なくなり、乾燥している環境と同じことなのです。漬物で大量の塩を入れたり、ジャムに大量の糖を入れるのはそのためです。しかし、カビの中には、乾燥したところがむしろ好きな変わり者もいます。アスペルギルス・レストリクタスは、普通のコウジカビとは異なり、乾燥したところが大好きな菌です。普通のカビは、湿度が高いところや水分が多いと

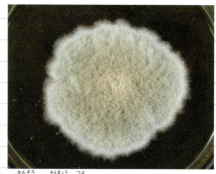
▲乾燥した環境に強いアスペルギルス・レストリクタス
画像提供:国立科学博物館

ころを好みますが、このカビは逆に乾燥したところで生きていくことができます。そのため、生活環境では乾燥した畳の上や、古い本、乾燥保存しているレンズなど、一見考えられないようなところに発生します。食品に発生してだめにしてしまうこともあります。

ただし、現状でも食品には厳しい品質基準があり、開封前は安全です。賞味期限を守り、開封後は早めに食べること、保存場所を清潔に保つことがカビ予防に効果的です。家の中でカビが生えないようにするためには、こまめな換気や掃除が大事です。長い間使っていない場所も、時々チェックすると良いでしょう。

▲アスペルギルス・レストリクタス

69

アカパンカビ
鮮やかな色と急成長で研究者が愛用！

　アカパンカビは、オレンジ色をしたカビで、身近な場所では、湿ったパンや野菜の表面に見られることがあります。また、土や植物の表面にも発生することがあります。山火事のあとに、燃え残った木の上などに発生することもあります。このカビは、鮮やかな色をしているので観察しやすく、成長がとても早いという特徴があります。

　そのため、このカビは遺伝子の研究によく利用されています。遺伝子は細胞や器官など、体をつくったり、その働きを決める情報が書かれた設計図のようなものです。科学者たちはこのカビの遺伝子をわざと変えることによって、その変化が体にどのような影響を与えるかを調べ、遺伝子の機能を研究しています。こうした研究は、生物の体の仕組みを理解するためにとても重要で、その成果は医学や農業など、さまざまな分野で応用されています。実際に、このカビを用いた研究がノーベル賞を受賞したこともあります。

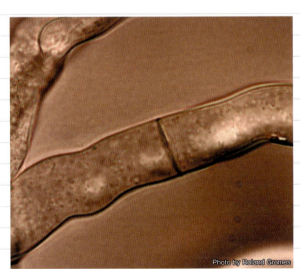
▲隔壁を持つアカパンカビの太い菌糸
Photo by Roland Gromes

▲アカパンカビを使った実験で遺伝子の働きを明らかにしてノーベル生理学・医学賞を受賞した(左)アメリカの遺伝学者、エドワード・ローリー・テイタム(1909-1975年)と(右)ジョージ・ビードル(1903-1989年)。

ケタマカビ
本への攻撃力をリサイクルに活用？

第4章 日常生活とカビ

ケタマカビは、湿った場所、特に紙や木材、布などに生えやすいカビです。このカビは、黒や暗い灰色のふわふわした胞子をつくり、その胞子を覆う針のような突起が周りのものに影響を与えます。例えば、ケタマカビが家具や洋服に生えると、それらを傷つけたり、色を変えてしまうことがあります。また、セルラーゼという酵素の力が強く植物の繊維を分解します。そのため紙に対して特に強い分解力を持ち、本がボロボロになることもあります。さらに、湿った部屋では壁や天井にもカビが広がり、家を傷める原因になります。

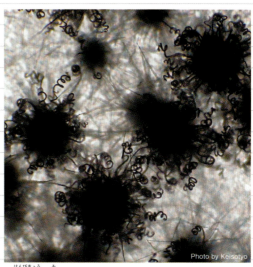
▲顕微鏡で見たケタマカビ

しかし、ケタマカビには良い一面もあります。このカビの強力な分解力を活かして、紙や繊維を分解する技術が研究されており、環境にやさしい廃棄物処理やリサイクルに役立つことがあります。また、一部の成分は医薬品の開発にも利用される可能性があり、医療の分野でも注目されています。

▲本に発生したカビ

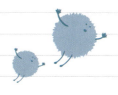

ツチアオカビ
自然を守る頼もしい味方！

ツチアオカビは、主に土の中に生息するカビです。見た目は緑色や白っぽい色をしており、土や植物の根、腐った木や落ち葉の表面などでよく見られます。土壌中ではカビの中でも影響力が大きく、他のカビや有害な菌を抑える物質を分泌したり、速い成長によって他の菌を抑える力が強いのが特徴です。

特に農業では、植物の根を守り、病気を予防するためのバイオ農薬としても活用されています。これにより、化学薬品に頼らない自然にやさしい農業が進められています。

また、このカビは分解力の強いさまざまな酵素をつくり出す能力を持っています。この酵素によって得られた分解物によって、農作物の成長を助けることができます。さらに、紙を分解してリサイクルする技術や、植物から燃料をつくるバイオ燃料の技術にも利用されています。今後、よりいっそう私たちの生活を支える大きな力となるでしょう。

▲緑色の胞子を大量につくる

画像提供：国立科学博物館

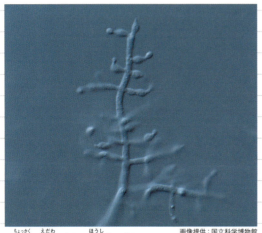

▲直角に枝分かれして胞子をつくる

画像提供：国立科学博物館

ゲオトリクム
ミルクをクリーミーなチーズに！

ゲオトリクムは、いろいろな食品の表面に白い膜のように広がるカビです。特にミルクやヨーグルト、バター、チーズなどでよく見られ、これが原因で食品が腐ることもあります。このカビが発生すると、食品が酸っぱくなったり、色が変わったりしてしまいます。特に衛生状態が良くない時に増えやすく、乳製品の品質が悪くなりがちです。

しかし、このカビには良い面もあります。カマンベールやブリー、リヴァロなどのやわらかいクリーミーなチーズは、このカビのおかげでつくられます。ゲオトリクムがチーズの表面で酸や酵素を出すことで、チーズの中がよく熟成され、特有の香りやまろやかな風味が引き出されます。さらに、チーズの表面を乾燥させる働きもあり、保存性を高め、おいしさを長く保つのに役立っています。このカビをうまくコントロールすることで、チーズの風味とおいしさを最大限に引き出すことができるのです。

▲ゲオトリクムの分生子

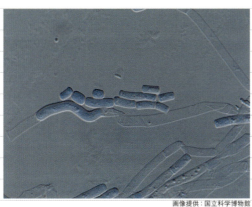

◀菌糸が隔壁でバラバラとちぎれて胞子になる

第4章 日常生活とカビ

コラム2 カビの外来種

　外来種はもともと国内のほかの地に生息していた生物が、人間の活動によって持ち込まれたものをいいます。もちろん、日本にいなくて外国から新しく入ってきた種のことも含み、カビにも「外来種」があります。

　人間は、生物が自然界で移動するよりもずっと早く、長距離を飛行機や電車や車で移動します。それにともなって生物が海や国を超えて運ばれる場合があり、これらが外来種となります。外来種の多くは、人間がもたらしたものです。ときに、外来種の一部は、病害をもたらしたり、既存の生物を駆逐してしまうことがあり、これらが侵略的外来種と呼ばれています。人間による移動が盛んになった20世紀以降、このような種が多く知られるようになり、菌類にも多くの例が知られています。たとえば、南米で複数のカエルの種の絶滅に関与しているカエルツボカビは、日本由来であった可能性が指定されています。また、ヨーロッパで、セイヨウトネリコという樹木を猛烈な勢いで枯らしているカビも日本を含むアジア地域に由来します。これらの菌類は本来のホストの上では毒性を示しませんが、別なホストのうえでは病原性が強く出るのです。

▲セイヨウトネリコ立ち枯れ病によって葉がすっかり落ちてしまったセイヨウトネリコ
画像提供：国立科学博物館

◀カエルツボカビ病を発症したカエル

第5章

カビの仲間、きのこと酵母

カビの仲間、きのこ

胞子を使って繁殖し、有機物を分解

カビにはさまざまな種類がありますが、きのこと酵母は特に注目されるカビの仲間です。カビの体もきのこの体も、胞子からでた菌糸でできていて菌類と呼ばれています。きのこはみんながよく知る食べ物として登場することが多いですね。シイタケやマッシュルームなど、食卓に並ぶきのこたちは実は広く考えるとカビと同じ菌類の一種なのです。きのこは地下や落ち葉や落木などで菌糸を伸ばして成長し、特徴的な傘や茎を持っています。食用として利用されるきのこは栄養価が高く、さまざきな料理に使われています。きのこは私たちの食卓を彩る大切な存在なのです。

また、カビもきのこも胞子で繁殖し有機物を分解することで自然界での重要な役割を果たしています。形状や利用価値、生息環境に違いはあるものの、私たちの生活や自然環境において重要な存在といえそうです。

▲顕微鏡で見た、腐った食品に広がる緑のカビ

▲シイタケ

カビときのこの共通点と相違点

カビときのこの共通点

❶ **胞子による繁殖**：カビもきのこも胞子で繁殖します。胞子は非常に小さく、空気中に浮遊して広範囲に広がることができます。

❷ **菌糸でできている**：両者とも菌糸という細長い糸状の構造でできています。菌糸は栄養を吸収するための重要なからだのつくりであり、土壌やその他の有機物に広がっています。

❸ **有機物の分解**：カビもきのこも有機物を分解して栄養を得ています。これにより自然界の生態系において動物のフン、死骸、植物の枯れ葉などを分解する重要な役割を果たしています。

カビときのこの違い

❶ **形と大きさ**：カビは通常、微小で個々の胞子をつくる構造は肉眼では見えません。一方きのこは大きな子実体をつくり、明確な形をしています。

❷ **利用価値**：きのこには食用として利用される種類が多い一方で、カビの多くは、一般的に食用にはされません。ただしカビにはペニシリンのような医薬の原料として利用されるものもありますし、コウジカビのような食品に使われる場合もあります。

❸ **生息環境**：カビの多くは湿気の多い場所を好みますが、きのこは森や土壌の中など、特定の環境に生息します。特にきのこは特定の樹木や植物と共生関係にあるものが多く見られます。

第5章　カビの仲間、きのこと酵母

身近に突然出現する「幸運のきのこ」

鉢植えやプランターの植え替え後などに出現することが多いコガネキヌカラカサタケ。「幸運のきのこ」とも呼ばれ、夏から秋にかけて突然鮮やかな黄色い姿で現れることがあります。寿命は短かく1～4日程度で枯れることが多いようです。自宅にある観葉植物の鉢に突然見られることもあります。ちなみに食用には適していません。

▲コガネキヌカラカサタケ

食べたら危険！毒を持つきのこたち

いろいろな毒きのこがある

　多くの種類が確認されているきのこですが、その中には毒を持ったきのこも生息しています。この毒にもさまざまな種類があり、間違って人が食べてしまうと有害な影響を及ぼします。

　最も危険な毒といわれているのがドクツルタケやベニテングダケに含まれている「アマニタトキシン類」で、食べてしまうと6〜12時間程度で腹痛や下痢、嘔吐といった症状が出ます。さらに肝臓や腎臓といった内臓にもダメージを加え、死んでしまうこともあるのです。またワライタケなどに含まれる「シロシビン」は、幻覚作用を引き起こすもので視界がゆがんだりしてしまいます。ヒトヨタケなどに含まれる「コプリン」という毒は、アルコールと一緒に摂ってしまうと中毒症状を引き起こします。嘔吐や頭痛といった二日酔いに似た症状が出てしまうので、アルコールの入った飲み物と一緒に食べると危険です。

▲猛毒を持つテングタケは真っ赤な傘が特徴の毒きのこだ

▲夏〜秋にかけて発生するワライタケ。幻覚や幻聴を引き起こす

なぜ毒を持つきのこがいるの？

私たちになじみのあるシイタケやマッシュルームなどのきのこは食用として利用されています。ではそもそもなぜ毒を持つきのこがいるのでしょう。それは自然界で生き残るため、動物や昆虫といった敵（捕食者）から身を守ることを目的に進化した結果とされています。たとえきのこの一部が食べられても、毒が効いて食べた生き物が体調を崩せば、そのきのこに二度と近づかなくなります。また毒きのこの多くは目立つ色や形をしていて、これは周りに「毒を持っている」と警告する意味もあります。

第5章 カビの仲間、きのこと酵母

毒を持つ代表的なきのことその中毒の種類

毒きのこの名前	毒成分	主な症状
ドクツルタケ	アマトキシン	嘔吐、下痢、腹痛、肝臓・腎臓の損傷、死亡の危険
ベニテングタケ	イボテン酸、ムシモール	幻覚、興奮、混乱、眠気、錯乱、視覚・聴覚の異常
ワライタケ	シロシビン	幻覚、興奮、感覚の歪み
ヒトヨタケ	コプリン	アルコールを摂取すると顔面紅潮、吐き気、動悸、頭痛
ニガクリタケ	ファシキュロール E	嘔吐、下痢、腹痛、脱水症状
ツキヨタケ	イルージン S	嘔吐、下痢、腹痛 等
カエンタケ	トリコテセン	皮膚炎、嘔吐、下痢、肝臓・腎臓障害、死亡の可能性

毒きのこが命を救う!?
きのこの毒と薬になるきのこ

研究はなかなか進まず

　毒きのこが持つ成分は、人体に対して強力な作用を持ちます。そのためきのこの毒は非常に危険ですが、その毒の一部は医療や薬の開発への貢献が期待されています。その歴史は古く、紀元前の古代ギリシャやローマでは毒きのこを毒殺に使う一方、適切な量を薬として利用する例もありました。古代ギリシャの医学者ヒポクラテスは、毒きのこの効果や症状についての記述を残しています。
　この毒きのこの一部を薬に転用する技術は、現代でも医療など活用法が検討されています。科学の発達によりその毒性成分を分離(とり出す)・精製(その成分だけにする)し、毒の成分を分析できるようになったためです。しかし、毒きのこの研究をするためには大量の検体(毒きのこ自体)が必要ですが、毒きのこは人工栽培なども難しく、満足に研究が進んでいないのが現状です。もっと技術が進めば毒きのこの成分を分析し医薬品をはじめ殺菌剤、殺虫剤そして、もしかすると調味料などにも活用できる日が来るでしょう。

▲マッシュルームの栽培風景

薬として期待されるきのこの毒

医療への活用が期待されている毒として、ドクツルタケ、テングタケの仲間などに含まれる有毒成分「アマトキシン」ががん細胞の増殖を抑える抗がん剤としての研究が進められています。ただし毒性が強いので、慎重な研究が必要です。また幻覚作用を引き起こす「ムシモール」や「イボテン酸」という毒は、アルツハイマーといった脳の病気や精神の病気の治療へ活用ができる可能性があります。ほかにも抗菌や抗ウイルス効果をもつ成分を含む毒きのこもあり、これらの成分は抗生物質や抗ウイルス薬の開発に役立つことが期待されています。

▲高い毒性を持つドクツルタケ

第5章 カビの仲間、きのこと酵母

毒きのこを見分ける方法は？

近年はアウトドアブームで、きのこ狩りなど天然のきのこを見かけることも多いです。それに伴い、毎年きのこによる食中毒被害も起きています。一般的に「毒々しい色をしている」、「厚みがあるものは毒を持っている」、といわれることがあります。しかし毒きのこを見分ける簡単な方法はなく、図鑑などを通して学習するにしても限界があります。専門家以外の人が判断することは難しく、安全だと絶対に確信できるもの以外は食べないようにしましょう。

カビの仲間、酵母

酵母ってなに？

　酵母はカビと同じく菌類に分類される微生物です。カビの多くは菌糸という糸状の細胞を形成し、胞子によって増殖します。対して酵母は主に単細胞生物で、単独の細胞で繁殖します。またカビはパンの表面や果物などに発生しやすく、腐敗の原因になります。一方、酵母は糖をアルコールと二酸化炭素に分解する発酵作用があり、ビールやワイン、パンの発酵に欠かせない存在です。

　酵母の中には栄養価が高く、ビタミンB群やミネラル、アミノ酸が豊富で、健康食品としても注目されているものがあります。さらに腸内環境を整える働きもあり、特に「サッカロマイセス・ブラウディ」という酵母は腸内で有害な細菌の繁殖を抑えてくれます。腸内のビフィズス菌や乳酸菌という、いわゆる善玉菌を増やす手助けもしてくれるのです。このように酵母は体内に取り入れることで、身体の健康を保つ働きをしてくれます。

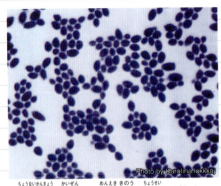

▲腸内環境を改善したり免疫機能を調整してくれる「サッカロマイセス・ブラウディ」

▲お腹によい働きをしてくれる「ビフィズス菌」

酵母を体内に取り入れよう

健康に役立つ栄養素を含む酵母ですが、では身体に取り入れるにはどうすればよいでしょう。基本的には食品やサプリメントで摂取することが一般的で、発酵食品に多く含まれています。酵母を含む代表的な発酵食品としては、パンをはじめビールやワインといった酒類、しょうゆやみそなどの調味料といった食品が一般的です。ほか栄養酵母やビール酵母といった市販されているサプリメントで摂ることもできます。

お酒を飲んでいないのに酔ってしまう!?

稀にお酒を飲んでいなくても体内でアルコールが発生してしまうことがあります。これは「自家醸造症候群」と呼ばれる状態で、体内にアルコールがつくられてしまうのです。この原因は腸内で異常に酵母が増加し、その酵母が糖をアルコールに変換することで発生します。するとお酒を飲んでいないにもかかわらず、酔ったように行動したり疲れやめまいといった二日酔いのような症状があらわれてしまうのです。

▲発症はごく稀な病気ですが、運転などで危険もはらむ

第5章 カビの仲間、きのこと酵母

大人が大好き！ビールづくりに欠かせない酵母

酵母とビールの関係

大人の飲み物としてよく見るビール。このビールをつくる(醸造する)のに中心的な役割を果たすのが酵母です。ビールの原料となるのは麦芽(芽を出した大麦)、水、ホップ(つる性の植物)、そして酵母です。

一般的にビールづくりにはまず大麦を発芽させて麦芽にし、これを乾燥させて粉砕します。その後、麦芽を温水で煮込み、麦芽に含まれる酵素の力で大麦の中のデンプンを糖に変換します。この結果、糖分を豊富に含んだ液体「麦汁」がつくられます。この麦汁を冷やしたら、ここで酵母の登場です。

酵母を入れると、酵母は麦汁に含まれる糖分を食べてアルコールと二酸化炭素(ビールの泡)をつくってくれます。これがビールの発酵過程で、酵母の働きによってビールにアルコールと炭酸を生んでくれるのです。こうしてできたビールを一定期間保存(熟成)させ、完成したビールをビンや缶、樽に詰めることで私たち消費者のところへビールが届くのです。

▲大麦の発芽

▲ビールに苦味と香りをつけてくれるホップという植物

発酵方法の違いでいろいろなビールがつくられる！

酵母がビールづくりに欠かせない存在であることは説明しました。ただし世界中にはたくさんの種類のビールがあり、どんな酵母を使うかがその味を決めるといわれています。ビールは大きく分けて2つに分けられます。「ラガービール」と「エールビール」に分類でき、日本ではラガービールが一般的といわれています。

ラガービールをつくる時は「ラガー酵母」が使われ、発酵温度が低く、長時間かけてゆっくり発酵させます。このビールはすっきりとしたクリアな味わいが特徴です。エールビールをつくる時は「エール酵母」が使われます。こちらは発酵温度が高く、活発に発酵を進ませます。そうするとフルーティで豊かな香りと風味が特徴のビールになるのです。

このように酵母の種類や発酵の仕方によってビールの風味は大きく変わります。またクラフトビールという小規模の醸造では、さらに多様な種類の酵母や材料が使われ、独自の個性的なビールがつくられています。

第5章 カビの仲間、きのこと酵母

▲大人になったら自分の好みのビールを探してみよう

▲色んな種類のビールが楽しめるのは酵母のおかげ

▲ビールの醸造風景

パンをつくる酵母

 ## 酵母の種類でいろんなパンができる！

　酵母の役割としてもう一つ重要なのが、パンをつくることです。具体的にはパンの生地に含まれている糖を酵母が分解して発酵させると、二酸化炭素とアルコールがつくられます。この二酸化炭素がパン生地の中で気泡となり生地を膨らませ、パンのふっくらとした食感をつくり出します。発酵で生まれたアルコールはパンを焼くときに気体となって発散し、この時にパンによい風味を与えてくれます。

　パンづくりに使われる酵母は大きく分けて3つあり、「ドライイースト」「生イースト」「天然酵母」というパンづくり専用の酵母があります。ドライイーストはパン酵母を乾燥させて粉状にしたもので、香り成分がよくフランスパンなど甘みの少ないパンに使われます。生イーストは培養した菌を水洗いし、水を切ったものを固形に固めたものです。砂糖が多い菓子パンなどに使われます。天然酵母は自然界に存在する酵母を培養して使用するものです。

▲パン酵母として使われているサッカロマイセス・セレビシエ（イースト菌）

▲固形に固められた生イースト

発酵パンは偶然生まれた？

第5章　カビの仲間、きのこと酵母

現代のような発酵パンの歴史は古く、古代エジプト時代までさかのぼります。紀元前3000年頃、エジプトでは小麦を使ったパンづくりが盛んに行われていました。あるとき水と小麦粉を混ぜてパン生地をつくりましたが、すぐに焼くことができませんでした。そして時間がたった後にパンを見ると、パン生地が大きくふくらんでいたのです。自然に発生した野生の酵母がパンを発酵し、膨らんだパンが誕生したとされています。

この偶然で発見された発酵技術はエジプトからギリシャ、ローマ帝国へと伝わり、パンの製造技術が広まっていったのです。そうして19世紀にドライイーストが発明されるとパンづくりは普及し、家庭でも発酵パンがつくれるようになりました。

発酵パンができる前

現在のようなふんわりとしたパンができる前、パンは主に無発酵パン（フラットブレット）としてつくられていました。酵母を使わず小麦粉と水を混ぜて焼いただけのもので、薄くて平たい形をしていたのです。今でもインドの「チャパティ」や中東の「ピタ」などは似た製法でつくられています。

▲インドの伝統的なパン「チャパティ」。発酵させずにつくっている

コラム3 分解って何？

植物、動物、昆虫は、そして私たち人間も自然の中の一部です。生物は死んで時間がたつと腐ったり崩れたりします。カビを含む腐生性の菌類は自然界で分解者としての役割を果たしています。カビと分解の関係を考えてみましょう。

自然界における分解とは、炭素を含む有機物が、微生物や菌類などの働きで水や二酸化炭素などの無機物に変えられることです。菌類は、分解のプロフェッショナルともいえる存在です。菌類はその中心的な存在がカビです。木の葉や果物などが地面に落ちると、その上にすぐ生えてきます。カビが分解を始めると、葉や果物は普通の土のように変わっていきます。

この過程ではカビが自分の体をつくるために必要な栄養を取り入れ、土壌の栄養も豊かにしていきます（腐生）。

これは枯れ葉が分解され土にかえることで新しい植物が育つための栄養に変わるということです。分解は自然の中でのサイクルをつくります。生物は生きているときに栄養を使って成長します。そして死ぬとカビをはじめ腐生性の菌類がその物質を分解します。その結果、新しい栄養が土にかえり、土壌が豊かになり、新たな植物が育ち、その植物を食べる生物がいて、その生物のフンや体を腐生性の菌類が分解するというサイクルができるのです。

消費者 ◀有機物を食べて生活します

生産者 ▶無機物から有機物をつくります

分解者 ◀死がいやフンなどの有機物を無機物に分解します

第6章

身近なカビと実験してみよう

実験前に重要なことは？

カビについてもっと深く知るために、実際に自分で実験をしてみましょう。でも、実験をする前に、いくつかとても大事なことを守らなければいけません。実験をうまくいかせるためにも、安全のためにも、以下のことに気をつけましょう。

① 手と道具はキレイに

実験を始める前に、まずは手をしっかり洗いましょう。手には目に見えないカビの胞子や細菌がついていることがあります。これが実験に悪影響を与えることがあります。石鹸を使って、少なくとも20秒間、指の間や爪までていねいに洗いましょう。また、実験に使う道具もきれいにしましょう。道具が汚れていると、正確な結果が得られないことがあります。実験用の道具は洗剤を使ってよく洗い、清潔な布やペーパータオルで乾かしておきましょう。

② 片付けはきちんと

実験が終わったら、使った道具や場所をきちんと片付けることも大切です。実験に使った道具や容器は、再度しっかり洗って片付けましょう。また、実験で使ったカビはビニール袋などに入れてしっかりと密封し、家庭ごみとして捨てましょう。片付けを怠ると、家の中にカビが広がってしまうことがあるので注意が必要です。

３ 食べてもいい実験以外のものは食べない

甘酒をつくるような食べてもいいカビの実験以外で使ったものは、食べてはいけません。実験に使った食材や物品には、健康に悪影響を及ぼす可能性のあるカビが繁殖している可能性があり食べてしまうと体にも害を及ぼすことがあります。実験が終わったら必ず捨てるようにしましょう。

４ 記録してみよう

実験をする際には、記録を取ることがとても大切です。どのような材料を使ったのか、どのように実験を進めたのか、そして結果がどうだったのかを詳しく書き留めておきましょう。これを「実験ノート」と呼んでいます。実験ノートには次のことを記録すると良いでしょう。

- 日付：実験を行った日付を書きましょう。
- 材料：使用した材料や道具を書きましょう。
- 手順：実験の手順を順番に書いていきましょう。どの順番で何をしたかを細かく記録します。
- 観察結果：実験途中や結果として観察したことを書きましょう。カビがどのように成長したのか、どの部分が変化したのかなどを詳しく書きます。
- 考察：最後に実験の結果について自分の考えを書きます。なぜこのような結果になったのか、次回はどうすればより良い結果が得られるのかなど自分なりの意見や感想をまとめます。

▲実験ノート

記録をとることで実験の過程や結果を後から振り返ることができ、次の実験に役立てることができます。また、記録を見せることで他の人に自分の実験を説明することもできるようになります。

これらのポイントを守って、実験を楽しみながら学びましょう。

第6章 身近なカビと実験してみよう

カビを育てよう！

カビを育てるには、カビが喜ぶような最適な環境をつくってあげること。ここではカビを育てるために必要なポイントを整理してみましょう。

1 乾燥した場所が苦手なカビが多い

カビが育つためには水分がとても大切です。一部のカビを除いてカビは湿った場所が好きで、乾燥した場所では育ちません。カビの多くは湿度が60〜80%くらいと高めなのを好みます。水分はキリフキや湿ったスポンジなどを使うとカビが育ちやすい環境をつくれます。

2 最適な温度は20℃〜30℃

カビが育つための温度は、カビの種類によっても異なりますが、通常20℃〜30℃です。私たちが快適に過ごす部屋の温度と同じくらいで、あまり寒い場所や暑い場所ではカビは成長しにくいようです。ただし、キコウジカビのように35℃〜40℃くらいが好きなカビもいます。

3 カビも食べ物から栄養を

カビが成長するためには栄養が必要です。人間が食べ物から脂肪や炭水化物、たんぱく質などを摂取するように、カビも食べ物から栄養分を吸収するケースが少なくないようです。特にパンやフルーツ、米などはカビが好む食べ物です。

4 カビも酸素を吸って生きている

カビは空気中にある酸素を吸って成長します。そのためカビを育てるには、通気性の良い場所の方が適しているといえそうです。例えば密閉された容器よりは、少し空気が入るようにフタをしておいた方がカビも酸素を取り込みやすいでしょう。

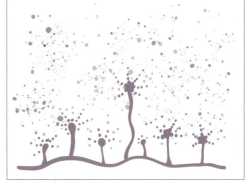

▲カビも酸素を吸っています

第6章 身近なカビと実験してみよう

5 カビを育てる実験

必要なもの
- 食パン
- プラスチック容器など
- キリフキなど（水）
- 温かいスペース

手順

1. プラスチック容器などの底に食パンを置きしばらくそのままにするか、野外で数分そのままにしておきます。
2. キリフキなど食パンに水をスプレーします。
3. 容器にフタをしますが、完全には閉めないで少しすきまを空けて酸素が入るようにします。
4. 温かい場所に容器を置いて毎日ようすを見てみましょう。数日後にはカビが生えてくるかもしれません。

▲食パンにはいろいろな色のカビが顔をだします

どうしてミカンにカビが？

冬に欠かすことのできない人気のフルーツの一つミカンが、箱にたくさん詰められた中に、時にはカビが生えたミカンがまじっていることがあります。どのようにしてミカンにカビが生えたのか実験してみましょう。

① 傷があると生えやすいカビ

ミカンの表面はぶ厚い皮でおおわれています。これはカビの侵入を許さないための植物の防衛とも言えます。しかし、傷がついたり、表面の細胞がつぶれたりすると、栄養分（特に糖分）を含んだ液が出てきます。これはカビの大好物です。ここにとりついたカビは菌糸を広げていきます。

② ミカンにカビが生えるのは

92ページにまとめたように、カビが生えやすいのは、湿気が適度にあり、比較的温かい場所で空気に触れられる場所ということになります。
ミカンの表面には糖分や栄養が含まれているので、カビが吸収する栄養分も揃うことになります。

③ ミカンにカビを生えさせるには

傷んだミカンを使って以下の手順で実験してみよう。

必要なもの
- **ミカン**（できれば傷があるもの）
- **プラスチックの袋**（ジップロックなど）
- **温かい場所**（暗い場所が望ましい）

手順❶
ミカンを選びます。傷やへこみのあるミカンの方がカビが生えやすくなります。

手順❷
ミカンをプラスチックの袋に入れます。袋の中に湿気がこもると、よりカビが育ちやすくなります。

手順❸
袋に入れたミカンを暖かい場所に置きます。台所やリビングの温かいコーナーなど、直射日光に当たらないところを選びましょう。

手順❹
毎日ミカンの様子を観察し、カビの成長の様子を撮影したりノートに記録したりします。

手順❺
数日後、ミカンの表面に白い粉のようなものや、緑色、黒色の斑点が見えてきます。これがカビです。色や形を観察し、記録してみましょう。

▲はじめは白く、時間の経過とともに緑色になっていくアオカビ

第6章 身近なカビと実験してみよう

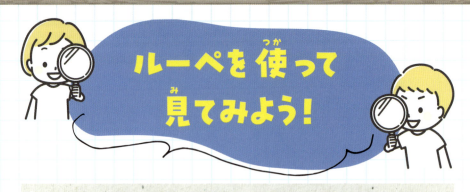

ルーペを使って見てみよう！

小さな昆虫や植物の一部分など、生物の世界を簡単に大きく見せてくれるものがルーペ（虫眼鏡）です。ルーペで2〜3倍の大きさにしただけで、目で見ただけでは分からない世界が見えてくることもあります。

① ルーペとは？

カビは微生物ですがルーペを使うことで、その姿を拡大して観察することができます。ルーペは物を大きく見せるための特別なレンズで虫眼鏡とも呼ばれています。手に持って使うことができるので、どこででも観察することができ非常に便利です。

② ルーペの準備

ルーペはいろいろなことに使えるので、お家にすでにあるかもしれません。まずは聞いてみるのが一番。ない場合はネット通販などでも、さまざまな目的に合わせたタイプが販売されています。また、図書館や科学館などで貸し出ししているところもあるようです。ルーペはレンズに汚れや傷がないか確認し、なるべく明るい場内で使うようにしましょう。はじめはおよそ10倍程度のものを使うとよいでしょう。

3 ルーペでカビを観察しよう!

次はルーペを使ってカビを観察します。ルーペは対象物から少し離して持ちます。近づけすぎると、うまく見えなくなってしまうので10㎝くらいの距離を保ちましょう。目の前にルーペをかまえ、対象物を近づけたり遠ざけたりしながらピントの合うところをさがします。カビの色、形、大きさ、どのように広がっているのかなどを観察します。カビの表面がフワフワしているか、湿っているかなど細かい点に注目してみましょう。小さなルーペひとつで、ずいぶん見え方が変わることを実感できます。観察結果はノートに記録したり、写真を撮ってストックしておきましょう。

▲ルーペは一般的な虫眼鏡タイプ以外に、さまざまな用途のものがあり、数百円のものから1万円程度するタイプもあります

第6章 身近なカビと実験してみよう

▲ルーペを使うとカビの細かい点まで見えてきます

顕微鏡を使って見てみよう！

カビを観察するためにはルーペだけではなく、顕微鏡を使うともっと細かい部分まで見ることができます。12・13ページでも顕微鏡について説明していますが、実際に顕微鏡を使ってカビを観察してみましょう。

1 顕微鏡を使うために必要なもの

- **顕微鏡**
自分で持っている顕微鏡がない場合は学校の科学室などにあるものを使えるか聞いてみましょう。

- **スライドガラス**
カビのサンプルを乗せる透明なガラスの板です。

- **カバーガラス**
スライドガラスの上に乗せる薄いガラスの板です。

- **カビのサンプル**
観察したいカビが生えたパンやフルーツなど。

- **ピンセット**
サンプルを扱うための道具です。

- **柄つき針**
ピンセットと共にサンプルを扱うための道具です。割箸に裁縫用のハリをさして、作ることもできます。

- **スポイト**
水を入れます。

2 カビのサンプルの準備

顕微鏡でカビを観察するためのサンプルを準備します。カビの生えたパンやフルーツを用意して、ピンセットでカビの生えている部分を少し取ります。そのカビはスライドガラスの中央に置きます。

③ プレパラートを作ろう

準備したカビのサンプルを観察するのにプレパラートを作ります。スライドガラスの中央にカビのサンプルを置き、（例えばミカンのカビであれば柄つき針やピンセットでごく少量をとります）スポイトで水をたらします。そして、カバーガラスをそっと上に乗せます。これでカビが周りに触れないよう保護されます。カバーガラスを乗せるときは気泡が入らないよう注意して、端からゆっくりと下ろすようにしましょう。

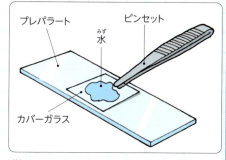

プレパラートの作り方

④ 顕微鏡で観察しよう

プレパラートが準備できたら、いよいよ顕微鏡で観察です。顕微鏡を安定した場所に置き、光源付きの顕微鏡の場合は電源を入れます。プレパラートをステージに固定し、低倍率のレンズで焦点を合わせたら、高倍率のレンズへ少しずつ倍率を上げていきます。

⑤ どんなカビが見えるかな

顕微鏡で見るとカビの細部が見えてきます。カビの種類によって見た目に違いがありますが、一般的には次のような特徴があります。
- 白や緑、青、黒など色はさまざまでカビの種類によって異なります。
- 糸状の部分が見えることが多くこれが「菌糸」です。
- 小さな球のような構造が見えることがありますが、これが「胞子」でカビが繁殖するために必要な部分です。

⑥ 観察したことは記録しよう

どんなカビが見えたか、どの部分が印象に残ったか、特徴的な形や色などをノートにまとめましょう。

第6章 身近なカビと実験してみよう

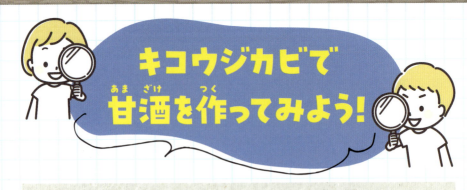

キコウジカビで甘酒を作ってみよう！

甘酒というと特に冬に飲まれることの多い、甘い飲み物です。この甘酒はキコウジカビが米のデンプンを糖分に変えたものです。カビの実験では珍しい、食べておいしい実験をしてみましょう。

1 キコウジカビとは？

キコウジカビは主に米や麦といった穀物の中で育ちます。このカビには米のデンプンを甘い糖に変える力があり、栄養たっぷりで健康にもいい甘酒を作ります。

▶米のデンプンを糖に変えるキコウジカビ（こうじ）

2 必要な材料

甘酒を作るためには以下の材料が必要です。
- 米（白米や無洗米）1合程度（約150g）
- 水（米1合で炊飯器の3合の目盛りまで水を入れる）
- キコウジカビ（こうじ）
  （市販のもので1袋200g程度）
- 炊飯器や鍋
  ご飯を炊くために使います。
- 容器
  甘酒を作るための容器
- 温度計
- 清潔なふきん
- かきまぜるスプーン

3 甘酒の作り方

❶米を洗う
米1合をボウルに入れ、水で洗います。無洗米を使う場合は洗う必要ありません。

❷水に浸す
洗った米を水に浸して30分から1時間置きます。これによって米が柔らかくなり甘酒が作りやすくなります。

❸水を切る
浸した米の水を切ります。

❹米を炊く
炊飯器や鍋に米と適量の水(米の1.2倍程度)を入れ通常通り炊きます。炊き上がったら少し冷やしておきましょう。

❺温度をチェック
炊き上がったご飯が55℃から60℃くらいになるまで冷まします。この温度がキコウジカビが育ちやすい温度ですが、60℃を超えないよう気をつけます。

❻カビ(こうじ)を加える
パッケージに書いてある指示を見ながら適量をご飯に振りかけて混ぜます。こうじの固まりがほぐれるようにしっかりと混ぜましょう。

❼ご飯を容器に移す
カビ(こうじ)を加えたご飯を容器に移し、ふたをします。カビは呼吸するので、ふたは密封せず少しすき間を空けましょう。

❽炊飯器に容器を入れる
保温60℃くらいの湯をはった炊飯器に、こうじと米が入った容器をつけます。ふきんをかぶせ、ふたを空けたまま保温スイッチを入れます。炊飯器の保温設定を70℃程度にすると、ふたを空けているので60℃くらいに保てます。

❾発酵
10時間程度保温してから甘酒の味を確認します。甘くて少し酸味があるような味がしたら実験成功です!

❿冷蔵保存
完成した甘酒は容器に移して冷蔵庫で保存します。1週間程度は楽しめます。
※甘酒は酒といってもアルコール分はなく、この甘酒の後、酵母が糖分をアルコールに変化させたのが日本酒です。

▲キコウジカビでおいしい甘酒のできあがりです

第6章 身近なカビと実験してみよう

「腐生」「寄生」「共生」のつながり

> カビをはじめとする菌類が、自然界の物質環境に貢献していることは、88ページでも説明しました。ここでは腐生・寄生・共生というカビがつなぐ生物ネットワークにふれようと思います。

あらゆる生物の遺体を分解する主役の一つは、菌類です。菌類が生物の遺体を分解して栄養をとることを腐生といい、その分解機能が自然界の二次生産に役立っています。また、日本に約300種存在するといわれている冬虫夏草（50ページ参照）といわれる菌類は動物への寄生菌です。これらの菌類は昆虫に寄生して宿主の昆虫を殺してしまいます。菌類には寄生以外に共生というつながりもあります。植物の体内に菌類が生息し、捕食者に対する毒を生産して植物の生存力を高めます。植物は菌類が分解した栄養を取り込み、菌類は動物の死がいやフンを栄養に分解、あるいは昆虫や植物について栄養をうばうこともあります。菌類は自然界の中でさまざまな生物と関係をつなぐ生物群なのです。

▲カビと植物が助け合う

▲カビが生きた動物にとりついて栄養をうばう

第7章

カビの雑学
菌類をもっと
理解しよう

カビと細菌の違いは？

細菌は原核生物、カビは真核生物

カビは「真核生物」です。カビの細胞には「核」があり、細胞の中にDNAが収納されています。核は細胞の中心で遺伝情報を管理しています。一方、細菌は「原核生物」です。細菌の細胞には核がなく、DNAが細胞の中に裸で浮いています。このため細菌の細胞はシンプルな構造をしています。

カビは一般的に細菌よりも大きく、目に見えることも多いです。カビは通常、糸のような形（菌糸）をしていて、塊になることもあります。細菌は非常に小さく、顕微鏡でしか見ることができません。形も球状、棒状、渦巻き状などさまざまです。

カビは湿った場所でよく見られ、食べ物や木材などに繁殖し、植物や動物の有機物を分解して栄養を得ます。一方細菌は、さまざまな環境で生きられ、土壌や水、動物の体内にも存在し、人間にとって有益なものもいれば有害なものもいます。

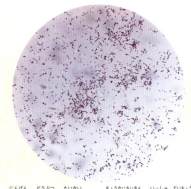
▲人間や動物の体内にいる腸内細菌の一種、大腸菌

カビは主に胞子を作って繁殖します。胞子は風や水の流れに乗って移動し新しい場所で成長します。細菌は分裂という方法で非常に速く数を増やすことができます。

カビは自然界での分解者として枯れ木や落ち葉などの有機物を分解することで物質の循環を促進します。細菌は土壌や腸内などでの分解や大気中の窒素を植物が吸収できるようにするなど、生態系の重要な働きをしています。

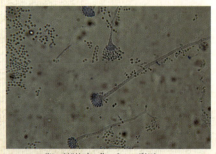
▲ときには肺の感染症を引き起こす原因になることがあるアスペルギルス属のカビ

カビと発酵食品

食卓に並ぶ発酵食品にカビが大活躍！

第7章 カビの雑学 菌類をもっと理解しよう

カビと聞くと食べ物が腐ってしまったり、嫌な臭いがするイメージがありますが、実は発酵食品の製造に欠かせない存在です。発酵食品は古くからさまざまな文化で食べられ、それを支えているのがカビたちなのです。

例えばチーズやみそ、しょうゆなどの発酵食品はカビが作用してできるものです（56〜62ページ参照）。チーズの表面に見られるカビやみその原料で多く使われるキコウジカビ、しょうゆの原料になるショウユコウジカビなど、これらの発酵食品をつくるためには特定の種類のカビが必要となります。

カビは食べ物を分解する働きを持っていて、その際に食品に独特の風味や香りをもたらします。例えば、みそに含まれるカビが大豆たんぱく質を分解し、みそ独特の深い味わいを生み出します。また、チーズに含まれるカビが乳製品を熟成させ、さまざまな風味を与えるのです。

さらにカビの仲間は発酵食品の保存にも役立っています。発酵食品の中には、酵母などが作用してアルコールを生成し、これが食品を腐敗から守る働きをし長期保存にも役立っていることがあります。食卓に並ぶ発酵食品には、カビたちの働きがたくさん詰まっているのです。

◀ カビがみその深い味わいを生み出す

ヨーロッパの食べ物とカビ

ヨーロッパの食生活にもカビの力が

　日本の伝統的な食品がカビの力を利用しているように、世界各地でカビの発酵を利用した食材が多くあります。ヨーロッパで代表的なものとしては独特の風味とクリーミーな食感が特徴の「カマンベールチーズ」や独特の風味と香りが特徴の「ブルーチーズ」があります。カマンベールチーズは白いカビが生えているチーズで、ブルーチーズはチーズの中に青いカビが生えているチーズです。作り方にも違いがあり、カマンベールチーズがチーズを整形してからカビを付けて熟成させるのに対し、ブルーチーズは作る途中でアオカビを混ぜ込んで熟成させたチーズです。共通点もあり、カマンベールチーズは白いカビが生えますが、カビの種類としてはブルーチーズと同じくペニシリウムというアオカビを利用しています。

　ピザの具などに使用するイタリアの乾燥ソーセージであるサラミの中にもカビを利用したものがあります。カマンベールチーズのように熟成を促進するためにペニシリウム・カメンベルティなどのカビを外側に付着させています。カビを付けることで水分を適度に取り除き、肉の脂を分解して旨みを濃厚にできるからです。

▲カマンベールチーズ（上）とブルーチーズ（下）、両方ともアオカビのペニシリウムを活用している

▲チーズと同様ペニシリウムによって外側に白いカビが発生したサラミ

カビが作る高級ワインがある？

世界中から珍重される貴腐ワイン

果物や野菜にカビが付着した結果、病気になる＝商品として価値が激減するため、生産者は薬を使うなどのカビ対策をしていますが、中にはカビに感染することを歓迎する果物があります。それはブドウ、それも白ワインの原料となるブドウです。

「ボトリティス・シネレア」というカビは世界中に存在していて、200種以上の果物や野菜、花弁、茎葉に「灰色かび病」という病気を引き起こします。しかしセミヨン、ソーヴィニヨン・ブラン、リースリング、フルミントなどの白ブドウは、気候条件によってカビが生えても腐敗せず、ブドウの果皮から水分が蒸発します。この現象によって糖度が上がるとともに独特の香りを生み出すのです。この状態のブドウ（貴腐ブドウ）を摘み取ってワインにしたものが「貴腐ワイン」です。貴腐ブドウを生み出すことからボトリティス・シネレアは貴腐菌とも呼ばれています。貴腐ワインはとても甘く、複雑な香りがあります。世界でもごく限られた地域でしか生産できないので、非常に高値で取引されています。日本でも山梨県や長野県の一部の地域で貴腐ワインが作られています。

▲ ボトリティス・シネレア（貴腐菌）に感染した状態のブドウ

第7章 カビの雑学 菌類をもっと理解しよう

107

医薬品にカビが使われる!?

カビは健康パートナーという一面も

普段の生活では避けたい存在であるカビ。しかし一部のカビは医薬品の製造に欠かせない存在でもあるのです。例えばクロコウジカビとして知られる「アスペルギルス・リューキューエンシス」というカビは、クエン酸の生産に使われています。このクエン酸はビタミン製剤を作るときの材料や胃腸薬、栄養ドリンクなど、さまざまな医薬品を作るときに利用される重要な成分です。

また、高血圧や動脈硬化などといった生活習慣病につながるリスクが高い高脂血症のように、血液中のコレステロールが高くなる病気の薬も、カビの生産物の中から発見され、「プラバスタチン」という高脂血症治療薬のもとになりました。高コレステロール血症の治療において有効な選択肢の一つであり、心血管疾患のリスクを低下させることが期待できる治療薬として実用化されています。

他にも「トリポクラジウム・インフラーツム」というカビは、免疫抑制剤を作るために使われているカビです。この薬は臓器移植を受けた患者さんが、新しい臓器を拒絶しないようにするために非常に重要な働きを担っています。

このように、さまざまなカビが医薬品の製造に役立ち、私たちの健康と生活を支えているのです。カビは害を及ぼすだけではなく、医療の重要なパートナーとしても活躍しています。

◀ビタミンや有機酸の合成にも利用されるアスペルギルス・リューキューエンシス。医薬品の製造のほか、食品や飲料品、化粧品などさまざまな製品に使われています

失敗から生まれた薬「ペニシリン」!

カビで世界初の抗生物質が

カビは医薬品の製造に欠かせない存在であることは説明しましたが、特に有名なのが「ペニシリウム」というカビの一種です。アオカビとも呼ばれるこの「ペニシリウム」から作られるペニシリンは、世界で初めて発見された抗生物質です。抗生物質とは、細菌などの微生物を殺すか増殖を抑える役割を担う薬で、感染症の治療に使われています。

このペニシリンの発見は偶然の産物でした。1928年にイギリスの科学者アレクサンダー・フレミングによって発見されるのですが、フレミングは細菌を研究しているときに偶然、アオカビの一種「ペニシリウム・ノタツム」が細菌の増殖を抑えていることに気付きました。これが最初の抗生物質であるペニシリンの発見に繋がるのです。

ペニシリンは細菌感染症の治療において非常に重要な薬です。たとえば、肺炎、喉の感染症、尿路感染症、皮膚感染症など、さまざまな病気に使われています。細菌の細胞壁の合成を妨げ、細菌を死滅させるのです。その後、研究が進みさまざまなカビから他の抗生物質や薬が作られるようになり、現代ではペニシリンを始めとした抗生物質のおかげで、多くの命が救われるようになりました。

第7章 カビの雑学 菌類をもっと理解しよう

▲アレクサンダー・フレミング(Alexander Fleming,1881-1955年)

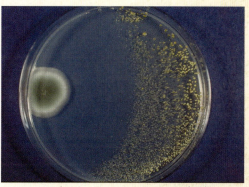
▲アオカビの一種がペニシリンでバクテリアの生育を抑えている
提供／千葉大学真菌医学研究センター 矢口貴志

カビと健康

カビが原因で病気に？

湿気の多い環境で繁殖しやすいカビは、さまざまな病気の原因になることもあります。カビによって引き起こされる病気としてアレルギー反応や、感染症などの病気があります。

カビの胞子は空気中に浮遊し、それを吸い込むことでアレルギー反応を引き起こすことがあります。症状としては、鼻水やくしゃみ、目のかゆみ、皮膚の発疹などがあります。特に、アトピー性皮膚炎や喘息を持っている人は、カビに対して過敏になることが多いようです。カビに長期間さらされると、ぜん息やまん性気管支炎のような呼吸器系の病気を悪化させる可能性があります。さらに特定の種類のカビは、免疫力が低下している人に感染症を引き起こすことがあります。代表例はアスペルギルス属のカビで、肺や副鼻腔に深刻な感染を引き起こすことがあります。またカビ毒（112ページ参照）というカビが作り出す毒によって最悪死に至るケースもあります。

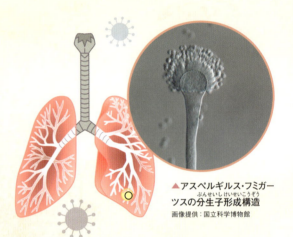

▲アスペルギルス・フミガーツスの分生子形成構造
画像提供：国立科学博物館

カビを吸い込まないように部屋やお風呂場など、カビが生えやすい場所を清潔に保ち、自分の健康を維持するようにすると、カビによって病気になるリスクを下げることができます。

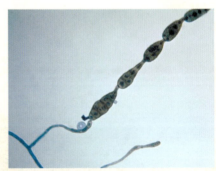

▲夏から秋にかけて発生しやすいアルタナリアもアレルギーを引き起こすカビの一つ

水虫はカビなの?

健康な人も感染するカビの病気

足がかゆくなる水虫。この症状にも実はカビが関わっています。白癬菌というカビが皮膚の角質と呼ばれる部分に寄生して発症するのです。水虫は、白癬菌というカビの一種が皮膚の角質層という部分に寄生して起こる病気です。白癬菌は、高温多湿な環境を好み、足の裏や指の間など、汗をかきやすい場所に繁殖しやすいことから、水虫は足にできやすい病気として知られています。他にも手やその他の体の部位にできることもあります。公共のお風呂場やプールなどが主な感染ルートですが、白癬菌に触れただけではすぐに水虫に感染するわけではありません。白癬菌が角質層の中に侵入するまでに24時間以上はかかります。白癬菌が角質層の中に入った場合、高温多湿(気温15℃以上、湿度70%以上)という環境になった時に増殖を始め水虫になります。

感染対策として足の指を中心に体をしっかり石けんで洗うほか、家族で同じスリッパを使わない、靴は毎日同じものを履かないなどの工夫を行うと予防効果があるとされています。治療については皮膚科を受診し、医師から大丈夫と言われるまで治療を続けることが大切です。

第7章 カビの雑学 菌類をもっと理解しよう

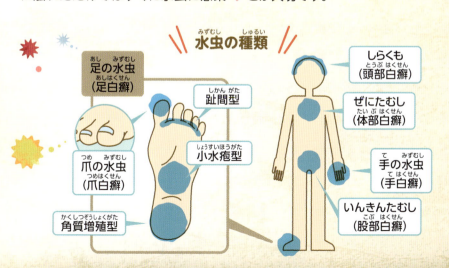

水虫の種類

足の水虫（足白癬）
・趾間型
・小水疱型
・角質増殖型

爪の水虫（爪白癬）

しらくも（頭部白癬）
ぜにたむし（体部白癬）
手の水虫（手白癬）
いんきんたむし（股部白癬）

カビ毒とはなんだろう？

吐き気や腹痛などが起こることも

カビ毒というのは、カビが作り出す体に悪い物質のことで、"マイコトキシン(mycotoxin)"ということもあります。カビ毒は食べ物や動物のエサ（農産物）に混ざり、これを食べた人や動物が病気になる場合があります。カビ毒はほんの少し食べただけでも体に悪い影響を与えることがあるほか、たくさんのカビ毒を一度に摂ってしまうと吐き気や腹痛、下痢などの症状が出ることもあります。また長期間、少量のカビ毒を摂り続けると、がんになったり、免疫力が低下して病気にかかりやすくなったり、神経や肝臓や腎臓などの大切な体の臓器が悪くなったりすることもあります。

農産物や食べ物を汚染する主なカビ毒

カビ毒	汚染される農産物や食品
アフラトキシン類	ナッツ類、穀類（米・麦など）、乾燥果実、牛乳
トリコテセン類	穀類（米・麦など）
フモニシン類	とうもろこし
オクラトキシン A	穀類（米・麦など）、豆類、果実、コーヒー豆、カカオ
パツリン	りんご加工品
シトリニン	穀類（米・麦など）

カビ毒（マイコトキシン）はなぜ生まれるの？

カビ毒は二次代謝産物

第7章 カビの雑学 菌類をもっと理解しよう

カビも私たちと似たように栄養を取り込み、エネルギーを生成し成長を繰り返します。これを一次代謝といい、カビが生きていくために必要な糖や脂肪、タンパク質などの基本的な物質やエネルギーを作ります。しかし、この物質やエネルギーを作り終わると、カビは二次代謝産物と呼ばれる物質を作り出します。これらの産物はカビの生存には直接必要なわけではありませんが、カビが他の微生物との競争に勝つためや、自分がいる環境に適応するために役立つように生み出されるのです。

この二次代謝産物の中には、医薬品へ利用されるペニシリンや、化粧品などに利用される色素などがあります。また特定の香りや味を持つものもあり、カビが作るチーズの風味成分もこの二次代謝産物です。このように人間の生活に役立っている二次代謝産物ですが、実はカビ毒もこの二次代謝産物の一つなのです。

このように人間はカビの二次代謝産物をさまざまな形で利用してきました。抗生物質はその代表例であり、病気の治療に不可欠な存在です。しかし、カビ毒のように健康に悪影響を及ぼすものもあるため、適切な取り扱いのもとカビと共生をしなければいけません。

▲アフラトキシンは自然界でもっとも強い発がん物質の一つです。紫外線をあてると発光します
画像提供：国立科学博物館

▲果物やその加工品にカビが生えるとカビ毒が生じているかもしれません

最も強いカビ毒アフラトキシン

農作物にカビが生えて発生

アフラトキシンは麹菌アスペルギルス属の一種アスペルギルス・フラバスが産生する強力な有毒物質です。このカビ毒は1960年代にイギリスで七面鳥が大量に死亡したことで調査された時に見つかりました。麹菌から生まれることから、日本の酒やみそ、しょうゆの発酵を助けるショウユコウジカビやニホンコウジカビに対して検査が行われましたが、アフラトキシンを生成する機能はないことが分かりました。

アフラトキシンは主に、穀物やナッツ類、特にピーナッツやトウモロコシ、大豆などの農作物に発生します。これらの作物が高温多湿な環境で保存されると、カビが繁殖しやすくなり、アフラトキシンが生成される可能性が高まるのです。また、飼料に汚染された穀物を食べた家畜から、人間が摂取する乳製品や肉にもアフラトキシンが含まれることがあります。他のカビ毒同様、調理の際に加熱しても毒は消えないため、カビが生えたものは生えた部分だけ取り除いて食べるのは危険ですので絶対にやめておきましょう。日本では食品衛生法という法律で、全食品を対象にアフラトキシンの毒が許容を超えていないか確認を行っています。

▲ アスペルギルス・フラバスに感染した外国のトウモロコシ。

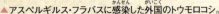

天然物でもっとも強力な発ガン物質

　アフラトキシンが入った食べ物をたくさん食べると、お腹が痛くなったり、気分が悪くなったりするだけでなく、体にとってもっと悪いことが起こります。アフラトキシンには主に4種類がありますが、アフラトキシンB1というカビ毒が含まれる食べ物を一度にたくさん食べると、体内に入った毒を解毒する力を持つ肝臓の病気である急性肝障害を起こし、また少量でも継続して摂取する場合は、肝臓にがんという病気を引き起こすことがあります。がんの原因となるものはたくさんありますが、アフラトキシンB1は天然物でもっとも強力な発ガン物質とも呼ばれています。

　日本ではアフラトキシンが原因の食中毒事故が起きたことはありませんが、海外では食料を保管する倉庫の管理方法が悪く、100人以上の死者をだした事故も起こっています。また日本国内でも2008年に食べ物として利用しないことを約束して購入したアフラトキシンB1が含まれる米を、食用として他の業者に販売した事件が起きました。日本ではアフラトキシンをはじめ、カビ毒に汚染された穀物が入らないように、該当する食物を運び入れる港で検査を行って対策しています。

▲▲ アフラトキシンを生成するアスペルギルス・フラバス(左)と顕微鏡の写真(右)
画像提供：国立科学博物館

第7章　カビの雑学 菌類をもっと理解しよう

「線虫捕食菌」とは？

化学農薬に変わる線虫捕食菌

カビの中には線虫（ネマトーダ）と呼ばれる、土壌の中にいる生物へ寄生したり、食べたりする能力を持つ特殊なカビもいます。線虫の中には農作物に悪影響を与える線虫がいるため、この線虫捕食菌と呼ばれるカビは農業や生き物の生態系を守るために活用されることもあります。

線虫捕食菌はさまざまな方法を使って線虫を退治します。例えば、アルスロボトリス属のカビは土壌の中に「トラップ」と呼ばれる特殊なネットを作り、線虫を引っかけて捕獲します。またダクチレラ属のカビも捕まえた線虫に菌糸と呼ばれる体の一部を侵入させ、内部を分解して栄養を吸収します。このように線虫捕食菌は、農業において化学農薬に代わる安全で環境に優しい線虫害対策として注目されています。これにより農作物への被害を減らすことが期待できそうです。

また化学薬品を使用せずに線虫の数を制御できるので、生物の多様性を守る環境保護の手段としても利用されています。

▲作物の根へ侵入し、根の中を移動しながら根を腐らせるネグサレセンチュウという線虫

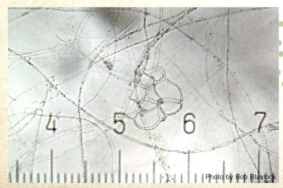

◀粘着リングやネットを形成して線虫を捕まえる

菌の学名

第7章 カビの雑学 菌類をもっと理解しよう

カビには世界共通の名前がある

人間にはそれぞれ名前がありますが、生物としては日本では「ヒト(人)」と呼ばれています。ただこのヒトという名称も日本語で表現した言葉で、英語を話す国々なら「human」、中国語なら「人」とそれぞれの国で異なります。特定の生物に対して科学的に使われる名前が「学名」です。学名はラテン語で書かれていて、世界中で同じ名前が使われるので、どこの国でも同じ生き物を指すことができます。学名はふたつの部分からできています。最初の部分は「属名」と呼ばれ、その生き物がどのグループに属しているかを示します。次の部分は「種小名」と呼ばれ、そのグループ内での区別を示します。人間なら「Homo sapiens」で、「Homo」が属名、「sapiens」が種小名です。正式に書く場合属名と種小名に加えて命名者(著者)の名前が付きます。アオカビの仲間で治療薬のペニシリンを作り出す「Penicillium chrysogenum Thom」は「Penicillium」が属名、「chrysogenum」が種小名「Thom」が著者名となりますが、著者名は省略されることもあります。

種小名は発見者の名前や発見された地名などさまざまで、カマンベールチーズの熟成を促すアオカビ「Penicillium camemberti」の種小名「camemberti」はカマンベールチーズにちなんで命名されています。キコウジカビの学名「Aspergillus oryzae」の種小名「oryzae」は米を意味する言葉で、米麹から発見したことから命名されました。

名命例

学名	penicillium chrysogenum Thom
属名	Penicillium
種小名	chrysogenum
著者名	Thom

学名の由来

Penicillium camemberti

属名	Penicillium	種小名	camemberti
意味	「カマンベール」カマンベールチーズに由来			

Aspergillus oryzae

属名	Aspergillus	種小名	oryzae
意味	「米」米麹から発見			

水生不完全菌

陸上や水中の分解者

　水生不完全菌類は淡水や水でぬれた陸上環境などに住んでいるカビの仲間です。水中での生活に適応しており、変わった形の胞子をつくるのが特徴です。陸上に住んでいるカビの多くは、胞子が風で飛ぶことによって仲間を増やします。これに対し、水生不完全菌類は、川などの流れる水で胞子が運ばれて仲間を増やします。そのため、陸上のカビの胞子が球状だったり、楕円体だったりするのに対し、4つの腕をもつテトラポッド形や、複雑な枝分かれをした形、S字に湾曲した形や糸状などの面白い形をしています。これは、水の表面にできた水泡などに捉えられやすくするための収れん進化の結果（チョウやコウモリやトリなど、系統上離れた生物が似た形や機能をもつこと）と考えられています。そのため、系統的にはバラバラな菌類が集められたグループです。

　ところで、「不完全」というのはどこが不完全なのでしょう。実は不完全菌というのは、無性生殖（32ページ参照）しかしない菌類をまとめたものです。有性生殖をしないなんて、ライフサイクルが不完全、と考えていたためです。しかし、不完全だったのはわたしたちの知識の方で、現在では、有性生殖の時代が見つかっているものも多いため、「水生糸状菌（水の中で暮らすカビ）」のような言い方をされることが多いです。

▲河川のよどんだところにできる水泡
画像提供：国立科学博物館

▲水泡を顕微鏡で観察したところ。いろいろな胞子が見える
画像提供：国立科学博物館

第7章 カビの雑学 菌類をもっと理解しよう

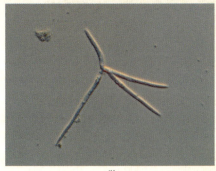
▲アラトスポラ（テトラポッド型）
画像提供：国立科学博物館

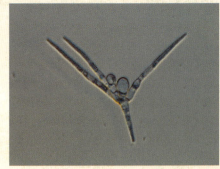
▲テトラクラジウム（テトラポッド型の変形）
画像提供：国立科学博物館

▲クリシドスポラ（テトラポッド型の変形）
画像提供：国立科学博物館

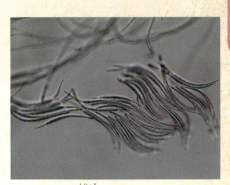
▲アムニクリコラ（糸状）
画像提供：国立科学博物館

▲デンドロスポラ（複雑に枝分かれした胞子）
画像提供：国立科学博物館

▲トリクラジウム（テトラポッド型の変形）
画像提供：国立科学博物館

「うどんこ病菌」ってなに？

うどんの粉をまぶしたようになる病気

「うどんこ病菌」とは、植物に発生する「うどんこ病」を引き起こすカビ（菌類）の一種です。植物がこの病気になると葉がうっすらと白く、うどんの粉をまぶしたように胞子や菌糸が生じることから、この名前が付けられました。この菌糸や胞子に葉の表面が覆われると、植物は光合成ができなくなり成長が上手くできなくなります。こうなると花が咲かなかったり野菜の味が悪くなったり、また果実が大きくならず、ひどい場合には枯死（植物が枯れる）するなど、農作物や観賞植物に大きな被害をもたらします。

うどんこ病菌は主に風で胞子が運ばれることで、多くの植物に寄生して病気にします。うどんこ病菌には多くの種類があり、エリシフェ属、スフェロテカ属、ポドスファエラ属、オイジウム属など多数の属があります。色々な植物に寄生する種類もいますが、主にそれぞれ特定の植物に寄生することで知られています。例えばイチゴのうどんこ病菌はイチゴにしか発生しませんし、トマトのうどんこ病菌はトマトにしか発生しないのです。農作物を育てる農家さんなどにとって、この病気の予防が不可欠ですが、対策には菌それぞれの特性を理解し、それぞれに合った対策を取る必要があるのです。

▲うどんこ病菌が植物の表面で繁殖しているようす

▲ヒマワリ、レタス、きゅうりなど主にキク科の植物にうどんこ病を引き起こす、エリシフェ属のカビ

植物をうどんこ病菌から守るために

早い対処で悪影響を最低限に

　うどんこ病菌は生きた宿主に寄生することで生存できる絶対寄生菌です。絶対寄生菌には生きた宿主が必要なため、うどんこ病菌は通常は宿主を殺してしまわないよう栄養分だけを吸収するようにしているのです。

　うどんこ病を防ぐための方法としては、病気に強い品種の農作物や植物を選ぶことや、適切な栽培環境を整えることが重要です。例えば、うどんこ病菌は温かくて乾燥した場所で繁殖しやすいので、風通しを良くするために植え付け間隔を広く取り、植物が密集しすぎないようにすることが効果的なようです。

　またうどんこ病が発生したことに気付いたら、とにかく早くに対処することが重要です。具体的には病気が発生した部分を取り除くことで、それ以降に他の部分に病原菌が拡散されるのを防ぐことができます。うどんこ病はカビによる病気なので、その発生には、湿気や温度といった環境が大きく影響しています。うどんこ病は植物に悪影響を与えますが、適切な対策を練って予防や対処をすることで影響を最小限に抑えることができます。農作物の健康を守るためにも、これらの対策を日常的に実践することが大切になってきます。

第7章 カビの雑学 菌類をもっと理解しよう

▲カビから植物を守るためにも適切な環境を保つなど、予防が大事です

▲農作物がうどんこ病にかかったことが分かったら、早めに薬剤などで対処することが大切です

菌と人間の長い付き合い

6000年以上前から菌を利用

　私たち人間と菌の関係は古代から続く長い歴史を持っています。菌は細菌や古細菌とともに地球上で最も古い生物の一つであり、10億年以上前から存在しているとされています。人類が誕生する以前から、菌は自然界において重要な役割を果たしていましたが、私たちがその存在を意識し、利用し始めたのは比較的最近のことです。

　古代エジプトでは、パンの発酵に酵母が利用されていました。紀元前3000年頃の記録には、パン職人がパンを膨らませるために何らかの方法を用いていたことが記されています。

　酵母は菌の一種であり、この発酵技術は現代のパン作りの基礎となっています。ビールもまた紀元前に古代シュメールで作られていたという記録が残されています。日本でも麹菌（主にアスペルギルス・オリゼ）を用いた発酵食品が広く普及しています。みそ、しょうゆ、酒などは、麹菌の働きによる発酵プロセスを経て作られる伝統的な食品です。ヨーロッパではチーズも菌の力によって作られています。これらの発酵食品は、単に味わいを豊かにするだけでなく、栄養価を高め、保存性を向上させる役割も果たしています。

菌類活用の歴史

古代

酵母をパンやビール（アルコール）の発酵に活用

中世

きのこを薬として利用

第7章 カビの雑学 菌類をもっと理解しよう

食べ物や医学以外にも菌は大活躍

医療分野ではきのこは薬草とともに治療に利用されていました。虫に寄生して生えるきのこである冬虫夏草は健康増進を目的に中国で使われていました。また、中世ヨーロッパでは薬草学が発展するにつれ、きのこの医学的価値に対する理解が深まりました。医学と科学が発展すると菌の研究はさらに発展し、アオカビから作るペニシリンのように、菌が持つ有効成分を取り出し培養したり科学的に合成できるようになりました。きのこも同様で、タマゴテングタケ、ドクツルタケなどは食べると細胞を破壊してしまうのですが、その力を応用してがん細胞を破壊する研究が進められています。

20世紀以降、菌はバイオテクノロジーや工業生産においても重要な役割を果たすようになりました。酵母は、バイオ燃料の生産や、遺伝子工学の研究材料として広く利用されています。また酵母は、遺伝子組み換え技術においてモデル生物として用いられ、医薬品の製造にも貢献しています。菌は人間にとって育てた植物を腐らせたり病気を引き起こすこともありますが、植物の生育を助けるなど重要な役割も担っているのです。

近代
アオカビからペニシリンを発見
パン酵母などを培養できるように

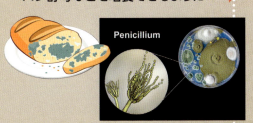

現代
バイオエタノールを作るのに酵母を利用

用語集

●寄生／生きている生物にとりついて、養分をとるなどの利益を得て、相手に害を及ぼす関係。

●きのこ／菌類が胞子を形成するためにつくる、肉眼で確認できる大きさの構造。子実体。

●共生／生きている生物にとりつき、何らかの利益を得ながら、相手にも何らかの利益をもたらす関係。

●菌糸／直径数ミクロンの細長い細胞がつながって形成された、糸状の構造。

●菌類／カビ・きのこ・酵母の仲間で本書では、菌類は真菌類と同じ意味で使っている。

●原核生物／細胞の中に、核膜という膜構造におおわれた核をもたない生物。バクテリア（細菌類）は原核生物である。

●酵母／単細胞で、細胞の一部から芽を出すようにして増殖する菌類の総称。

●コロニー／目に見えない菌糸が大量に増殖して大きくなった状態。

●細菌類／本書では原核生物のこと。バクテリアともいう。

●細胞壁／キチンやグルカンなどの多糖類でできた、細胞をおおうかたい壁。

●子実層／胞子を形成する構造（担子器や子のう）が面をなして形成する場合、断面で見ると1層の層状になって見える場所を子実層という。

●子実体／菌類が胞子を散布するためにつくる構造。きのこ。

●子のう・子のう胞子／有性生殖によってつくられる胞子の一種。通常、減数分裂1回と体細胞分裂1回によって合計8個の胞子が袋状の構造（子のう）中に形成される。

●子のう菌類／有性生殖の際、子のうという袋の中に、子のう胞子を形成する菌類。

●宿主／ある生物が別の生物に寄生するとき、寄生されている方を指す。

●真核生物／細胞の中で、遺伝情報を蓄積している核が、核膜という膜構造におおわれた生物。

●真菌類／カビ・きのこ・酵母の仲間。

●接合菌類／有性生殖の際、菌糸に生じた配偶子のうの接合によって、接合胞子という胞子をつくる菌類。

●接合胞子／性が異なる二つの菌糸のそれぞれの一部が、配偶子のうという部分を分化させ、それが融合されてできた胞子。

●体細胞分裂／1個の体細胞が分裂して同じ遺伝子情報をもつ2個の娘細胞を生み出す過程をいう。

●担子菌類／有性生殖の際、担子器という細胞の上に、担子胞子を形成する菌類。

●担子胞子・担子器／有性生殖によって形成される胞子の一種で、通常、減数分裂1回によって合計4個の胞子が細胞（担子器）の上に生じた短い柄の上に形成される。

●ツボカビ類／後方に1本のむち型の鞭毛をもつ遊走子をつくる菌類。

●培養／人工的な環境下で、人工的に栄養源を与え、菌類などを育てること。

●バクテリア／本書では原核生物のこと。細菌類ともいう。

●発酵／菌類を含む微生物の働きによって、人間にとって有用な物質が生成される化学反応のこと。

●不完全菌類／無性生殖だけしか知られていない菌に対して設けられた分類群。

●分生子／無性生殖によって形成される運動性のない胞子のうち、胞子のう胞子、厚壁胞子を除くもの。

●分生子形成細胞→胞子形成細胞

●分生子柄→胞子柄

●分離／様々な菌類が混ざって生えている環境から、1種の菌だけを取り出すこと。

●分類体系／生物の種を階層的に整理してつくった体系。種を基本単位として、種→属→科→目→綱→門→界の順に大きいグループになる。

●鞭毛菌類／生殖の際に、鞭毛をもった遊走子をつくる菌類。

●胞子／菌類がなかまを増やすためにつくる特殊な細胞。

●胞子形成細胞／胞子をつくるために特別に分化した細胞。しばしば特有の形態をもつ。

●胞子のう・胞子のう胞子／胞子のうは接合菌類が無性生殖によって胞子をつくるとき、つくる袋状の構造。胞子のう胞子は中に生ずる胞子。

●胞子柄／胞子形成を担う特別な菌糸。

●無性生殖／有性生殖と異なり、一つの親の体の部分から、その親と全く同一の遺伝子セットをもつ子孫が生ずるような生殖の方法。

●有性生殖／子孫を残すため、二つの親に由来するそれぞれの遺伝子のセットを半分ずつ混ぜ合わせることによって、親とは異なる遺伝子の組み合わせが生ずる生殖の方法。

●遊走子・遊走子のう／鞭毛をもち、泳ぐ能力をもった胞子が遊走子。遊走子のうという袋状の構造の中につくられる。

●卵菌類／羽型とむち型の鞭毛をそれぞれ1本ずつもつ遊走子を形成する菌類。

主な学名表 ❶ 本書で扱っている主なカビの名称と初出ページを記しています

ア	アオカビ *Penicillium* …P11	
	アカカビ *Fusarium* …P14	
	アカパンカビ *Neurospora crassa* …P70	
	アスペルギルス・オリゼ *Aspergillus oryzae* …P20	
	アスペルギルス・フミガーツス *Aspergillus fumigatus* …P110	
	アスペルギルス・フラバス *Aspergillus flavus* …P114	
	アスペルギルス・リューキューエンシス *Aspergillus luchuensis* …P108	
	アスペルギルス・レストリクタス *Aspergillus restrictus* …P69	
	アムニクリコラ *Amniculicola* …P119	
	アラトスポラ *Alatospora* …P119	
	アリタケ *Ophiocordyceps japonensis* …P50	
	アルスロボトリス *Arthrobotrys* …P116	
	アルタナリア *Alternaria* …P14	
イ	いもち病菌 *Pyricularia oryzae* …P48	
エ	エキソフィラ *Exophiala* …P26	
	エリシフェ *Erysiphe* …P120	
オ	オイジウム *Oidium* …P120	
カ	カエルツボカビ *Batrachochytrium dendrobatidis* …P74	
	カワキコウジカビ *Aspergillus glaucus (Eurotium herbariorum)* …P19	
キ	キコウジカビ＝ニホンコウジカビ *Aspergillus oryzae* …P58	
	ギムノスポランギウム ジュニベリ ヴァージニアナエ *Gymnosporangium juniperi-virginianae* …P45	
ク	クモノスカビ *Rhizopus* …P19	
	クラドスポリウム *Cladosporium* …P11	
	クリシドスポラ *Culicidospora* …P119	
	クロカビ *Cladosporium* …P11	
	黒(くろ)きょう病菌 *Metarhizium anisopliae* …P51	
	クロコウジカビ *Aspergillus luchuensis* …P58	
ケ	ゲオトリクム *Geotrichum* …P73	
	ケカビ *Mucor* …P40	
	ケタマカビ *Chaetomium* …P71	
コ	コウジカビ(狭義) *Aspergillus* …P19	
	こうやく病菌 *Septobasidium* …P54	
	黒色こうやく病菌 *Septobasidium nigrum* …P54	
サ	サッカロマイセス・ブラウディ *Saccharomyces boulardii* …P82	
	サッカロマイセス・セレビシェ *Saccharomyces cerevisiae* …P86	
	サナギタケ *Cordyceps militaris* …P50	
シ	ショウユコウジカビ *Aspergillus sojae* …P105	
	シロコウジカビ *Aspergillus luchuensis mut. kawachii* …P58	
ス	ススカビ *Alternaria* …P14	
	スフェロテカ *Sphaerotheca* …P120	
セ	セミタケ *Ophiocordyceps sobolifera* …P50	
	セミノハリセンボン *Purpureocillium takamizusanense* …P51	
タ	ダクチレラ *Dactyrella* …P116	

主な学名表❷ 本書で扱っている主なカビの名称と初出ページを記しています

ツ	ツチアオカビ *Trichoderma*	…P14
	ツボカビ *Chytridium*	…P36
	ツユカビ *Peronospora*	…P46
テ	テトラクラジウム *Tetracladium*	…P119
	デンドロスポラ *Dendrospora*	…P119
ト	トリクラジウム *Tricladium*	…P119
	トリコデルマ *Trichoderma*	…P14
	トリポクラジウム・インフラーツム *Tolypocladium inflatum*	…P108
ニ	ニホンコウジカビ→キコウジカビ *Aspergillus oryzae*	…P20
ハ	ハエカビ *Entomophthora*	…P52
	白(はく)きょう病菌 *Beauveria bassiana*	…P51
フ	プッキニア・グラミニス *Puccinia graminis*	…P45
	プッキニア・ストリィフォルミス *Puccinia striiformis*	…P45
	フンタマカビ *Sordaria*	…P40
ヘ	ベト病菌（ツユカビ）*Peronospora*	…P46
	ベニコウジカビ *Monascus ruber*	…P62
	ペニシリウム・カメンベルティ *Penicillium camemberti*	…P18
	ペニシリウム・ノタツム *Penicillium notatum*（*Penicillium chrysogenum*）	…P109
	ペニシリウム・ロックフォルティ *Penicillium roqueforti*	…P18
ホ	ポドスファエラ *Podosphaera*	…P120
	ボトリティス・シネレア *Botrytis cinerea*	…P107
ミ	ミズカビ *Saprolegnia*	…P36
	ミズタマカビ *Pilobolus*	…P39
リ	緑(りょく)きょう病菌 *Metarhizium rileyi*	…P51

参考文献

『カビはすごい! ヒトの味方か天敵か？』
浜田 信夫 著、2019年発行、朝日新聞出版

『おもしろサイエンス カビの科学』
李 憲俊 著、2013年発行、日刊工業新聞社

『カビのふしぎ』
伊沢 尚子 著、細矢 剛 監修、2012年発行、汐文社

『カビ図鑑』
細矢 剛、出川 洋介、勝本 謙 著、伊沢 正名 写真、2010年発行、全国農村教育協会

『あなたの知らない カビのはなし』
熊田 薫 監修、2010年発行、大月書店

『菌類のふしぎ 形とはたらきの驚異の多様性 第2版』
国立科学博物館編／細矢 剛 責任編集、2014年発行、東海大学出版会

『トコトンやさしい カビの本』
カビと生活研究会著、2006年発行、日刊工業新聞社

『自然の中の人間シリーズ 微生物と人間編5』
石谷 孝佑 著、1997年発行、農山漁村文化協会

国立科学博物館の紹介

監修／細矢 剛　国立科学博物館 植物研究部部長（兼）筑波実験植物園長

🌸 国立科学博物館

2万5,000点以上の展示物を展示した日本最大級の科学系総合博物館。宇宙や恐竜、日本固有の生態系など、あらゆることを探求できます。2つの建物で常設展示を行っており、日本館では日本の多様な自然を紹介。地球館では、生物の進化とその多様性について、また日本や世界の科学技術の歩みに関する展示を行っています。

▲上野恩賜公園にある国立科学博物館

[所在地] 東京都台東区上野公園7-20
[TEL] 050-5541-8600（NTT ハローダイヤル）
[入園料] 一般・大学生630円（高校生以下無料）
[開館時間] 9:00～17:00（入館は16:30まで）
[休館日] 毎週月曜日（月曜日が祝日の場合は火曜日）、年末年始（12月28日～1月1日）

🌸 筑波実験植物園

全体の面積は約14万㎡で、園内には日本のおもな植物や世界の熱帯、亜寒帯、乾燥地域に生息する珍しい植物など、およそ7千種の植物が栽培され、3千種を見ることができます。植物の生活しているありさまや、環境によって様々な特徴をもっている様子を楽しむことができます。

▲筑波実験植物園

[所在地] 茨城県つくば市天久保4丁目1-1
[TEL] 029-851-5159
[入園料] 一般・大学生320円（高校生以下無料）
[開園時間] 9:00～16:30（入園は16:00まで）
[休園日] 毎週月曜日（月曜日が祝日の場合は火曜日）、年末年始（12月28日～1月4日）
上記の休園日でも臨時に開園することがあります。開園時間は企画展等の場合は延長することがあります。

監　修	細矢 剛（ほそや つよし）

国立科学博物館 植物研究部長

1963年生まれ。1986年筑波大学生物学類卒業。博士（理学）。民間製薬会社を経て2004年より現職。一般社団法人日本菌学会会長。専門は子嚢菌類の一群であるチャワンタケ類の分類。著書『菌類のふしぎ』（責任編集、東海大学出版会）、『カビ図鑑』（共著、全国農村教育協会）など。

❋ 編集・文　浅井 精一　本田 玲二
　　　　　　魚住 有　　相馬 彰太
　　　　　　二ノ瀬 尚輝（株式会社クリエイティブ・クリップ）

❋ デザイン　藤本 丹花

❋ イラスト　松井 美樹　吉岡 彰

❋ 制　　作　株式会社 カルチャーランド

みんなが知りたい! 不思議な「カビ」のすべて 身近な微生物のヒミツがわかる

2024年12月20日　第1版・第1刷発行

監　修　細矢 剛（ほそや つよし）
発行者　株式会社メイツユニバーサルコンテンツ
　　　　代表者　大羽 孝志
　　　　〒102-0093 東京都千代田区平河町一丁目1−8
印　刷　シナノ印刷株式会社

◎「メイツ出版」は当社の商標です。

●本書の一部、あるいは全部を無断でコピーすることは、法律で認められた場合を除き、著作権の侵害となりますので禁止します。
●定価はカバーに表示してあります。
©カルチャーランド,2024. ISBN978-4-7804-2915-2 C8045　Printed in Japan.

ご意見・ご感想はホームページから承っております。
ウェブサイト　https://www.mates-publishing.co.jp/

企画担当：千代 寧